附 图

图 1-1 藏鸡

图 1-2 藏鸡公鸡

图 1-3 藏鸡母鸡

图 1–4　藏鸡庭院养殖模式

图 1–5　藏鸡企业养殖模式

图 2–1　性成熟的藏鸡

图 2–2　自由交配的藏鸡种鸡饲养模式

图 2–3　藏鸡自然孵化模式

图 2–4　小型机械化孵化

图 2–5 机械孵化出雏中

图 3–1　健康的雏鸡

图 3–2　土炕（烧炕）育雏

图 3–3　红外线灯育雏

图 4–1　藏鸡牧放视图一

图 4–2　藏鸡牧放视图二

图 4–3　藏鸡牧放视图三

图 4–4　藏鸡牧放视图四

图 4–5　藏鸡散养舍内栖息架

图 4–6　笼养藏鸡舍

藏鸡养殖技术

◎王　杰　主编

中国农业科学技术出版社

图书在版编目（CIP）数据

藏鸡养殖技术 / 王杰主编 .—北京：中国农业科学技术出版社，2018. 10

ISBN 978-7-5116-3851-9

Ⅰ. ①藏…　Ⅱ. ①王…　Ⅲ. ①鸡-饲养管理　Ⅳ. ①S831. 4

中国版本图书馆 CIP 数据核字（2018）第 197911 号

责任编辑　闫庆健　杜　洪

责任校对　贾海霞

出 版 者　中国农业科学技术出版社

北京市中关村南大街 12 号　邮编：100081

电　　话　(010)82106632(编辑室)　(010)82109702(发行部)

(010)82109709(读者服务部)

传　　真　(010)82106625

网　　址　http://www.castp.cn

经 销 者　各地新华书店

印 刷 者　北京建宏印刷有限公司

开　　本　850mm×1 168mm　1/32

印　　张　5. 875　　彩插　4 面

字　　数　128 千字

版　　次　2018 年 10 月第 1 版　2018 年 10 月第 1 次印刷

定　　价　20. 00 元

《藏鸡养殖技术》

编 委 会

主　编　王　杰（青海畜牧兽医职业技术学院）

副主编　马向花（青海省海南州科技信息中心）

参　编（按姓氏笔画）

丁熙鸿（青海畜牧兽医职业技术学院）

马玉娟（青海省贵德县经济商务和科技信息化局）

马向花（青海省海南州科技信息中心）

王　杰（青海畜牧兽医职业技术学院）

文生萍（青海畜牧兽医职业技术学院）

李华威（青海畜牧兽医职业技术学院）

聂根海（青海畜牧兽医职业技术学院）

主　审　曹振民（青海畜牧兽医职业技术学院）

内容简介及说明

本书以服务“三农”为宗旨，所编写内容适合当前国内藏鸡养殖业现状，特别是针对青藏高原高海拔条件下藏鸡养殖个体家庭和中小型企业在实际生产过程中所遇到的各类问题，如藏鸡品种、繁育、饲养管理技术、疾病预防、治疗用药及经营管理等方面的问题。经过多方实际调研，尽量参阅各位专家学者在藏鸡研究领域新成果，完成设计与内容编写，期望能够在藏鸡生产过程中产生实际的指导作用。

本书将藏鸡养殖所需理论知识和技术技能分为上、中、下 3 篇，上篇为藏鸡饲养管理技术，分解为鸡品种介绍、藏鸡孵化技术、藏鸡育雏技术、藏鸡成鸡饲养管理技术等 4 个模块；中篇是藏鸡疫病控防技术，分解为疾病预控基本原则、藏鸡传染病防控技术、藏鸡寄生虫病控防技术、藏鸡非传染病防治技术 4 个模块；下篇是藏鸡经营管理模式，分为家庭农牧场、农民专业合作社、电商营销等 3 个模块。每个模块下设工作任务，工作任务按序分为“重点理论”和“技术操作要点”2 个部分。“重点理论”强调完成该任务必需的理论

知识，“技术操作要点”突出本工作任务的具体操作方法与手段。旨在要求读者在明确本模块必需理论的前提下，能够遵循技术操作要点进行实际生产指导。附录部分增加了相关标准与技术规范，作为藏鸡进一步科学化养殖的辅助参考内容。本书内容力求做到基本概念、重点理论内容清楚精炼，注重突出技术执行力度，既具备一定的理论性又具有鲜明的技术可操作性。可作为藏鸡养殖生产实际指导用书，也可用于藏鸡养殖企业技术人才培训用书。

本书在国家“三区人才计划”项目经费支持下完成，特别感谢青海省海南州科技信息中心、贵德县经济商务和科技信息化局各位领导的大力支持，也感谢各位参编老师在百忙之中的全力付出。

编者

2018 年 8 月

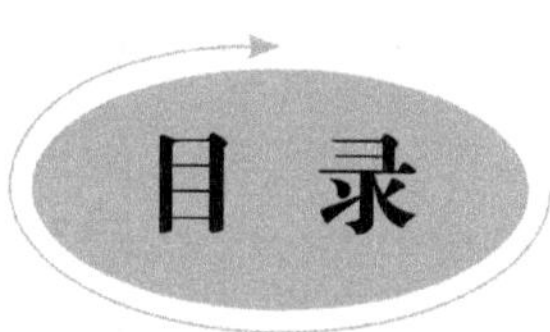

上篇 藏鸡饲养管理技术

中篇　藏鸡疫病防控技术

下篇　藏鸡经营管理模式

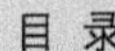

上篇
藏鸡饲养管理技术

模块一　鸡品种介绍

工作任务一：鸡品种分类和中国地方良种鸡

【重点理论】

一、鸡品种标准分类法

从19世纪80年代至20世纪50年代初，按国际公认的标准品种分类法，将家禽分为类、型、品种和品变种。

标准品种：指经有目的、有计划的系统选育，按育种组织制订的标准鉴定承认的，并列入标准品种志的品种。强调血缘和外形特征的一致性。它对体重（♂或♀）、冠型、耳叶颜色、肤色、胫色、蛋壳色泽等都有要求。

分类：以产地、用途、羽色、冠型以及大致相同的外形和生产性能来区分为类、型、品种以及品变种。

类：是按家禽原产地分为亚洲类、美洲类、地中海类等；

型：是按家禽的经济用途分为蛋用型、肉用型、兼用型和观赏型；

品种：是指通过育种手段而形成的具有一定数量、有共

同来源、相似的外貌特征、近似的生产性能和一定的内部结构、且遗传性稳定的一个群体；

品变种：是指在一个品种内按羽毛颜色或冠形而分为不同的群体。

二、现代鸡种分类法

随着养鸡业的发展，在标准品种的基础上通过育种工作，培育成高产的专门化品系，然后再进行品系间杂交制种，用于商品配套生产，这种商品杂交鸡或专门商用品系鸡，具有特定商业代号的高产鸡种。强调整齐一致的高水平的生产性能，称为现代鸡种。

现代鸡种按经济用途分为蛋鸡系和肉鸡系两大类。

1. 蛋鸡系

是指专门用于生产商品蛋鸡的配套品系，具有较高的产蛋性能，按所产蛋壳的颜色一般分为白壳蛋鸡系和褐壳蛋鸡系。

2. 肉鸡系

指主要用于生产肉用仔鸡的配套品系。按生长速度和肉的品质分为快速生长肉鸡和优质肉鸡。

三、中国地方良种鸡简介(表1-1)

地方品种：具有一定特点，生产性能比较高，遗传性稳

表 1-1　我国地方良种鸡

鸡种	产地	生产类型	公鸡体重（kg）	母鸡体重（kg）	产蛋量（枚）	外貌体形特征
仙居鸡	浙江仙居县	蛋用	1. 25～1. 50	0. 75～1. 25	180～220	羽色以黄较多，羽毛紧贴，小巧秀丽。
浦东鸡	上海南汇等县	肉用	4. 0	3. 0	100～130	羽色以黄色、麻褐色较多，羽毛疏松，体硕大宽阔，近方形。
鹿苑鸡	江苏张家港市	肉用	3. 0～3. 5	2. 5	120～140	羽色黄色，体大，黄喙，黄肤。
北京油鸡	北京郊区	肉用	2. 5～3. 0	2. 0～2，5	120	羽色浅黄色或红褐色，体中等，有冠毛。
寿光鸡	山东寿光县	兼用	3. 0～3. 5	2. 5～3. 0	120～150	羽色黑色有光泽，体大，肤白。
桃源鸡	湖南桃源县	肉用	4. 0～4. 5	3. 0～3. 5	100～120	羽毛疏松，体硕宽阔，近方形。
固始鸡	河南固始县	兼用	2. 0～2. 5	1. 25～2. 25	90～160	羽色褐色，体中等，躯发达，呈楔形，颌下有羽毛。
庄河鸡	辽宁庄河县	兼用	3. 0～3. 5	2. 0～2. 5	80～120	羽色以黄色、麻黄色居多，体紧凑，羽紧贴，冠叶分叉呈鱼尾状。
萧山鸡	浙江萧山县	兼用	2. 5～3. 5	2. 1～3. 2	130～150	羽色麻黄色或茸黄色，体硕大，骨粗壮。

（续表）

鸡种	产地	生产类型	公鸡体重（kg）	母鸡体重（kg）	产蛋量（枚）	外貌体形特征
清远麻鸡	广东清远	肉用	1.4~1.6	1.1~1.3	70~80	公鸡颈部长短适中，头颈、背部的羽金黄色，胸羽、腹羽、尾羽及主翼羽黑色，肩羽、蓑羽枣红色。母鸡颈长短适中头部和颈前三分之一的羽毛呈深黄色。背部羽毛分黄、棕、褐三色，有黑色斑点，形成麻黄、麻棕、麻褐三种。
杏花鸡	广东封开县	兼用	1.9~2.1	1.6~1.8	110~130	公鸡羽毛黄色略带金红色，主冀羽和尾羽有黑色。脚黄色。母鸡体羽黄色或浅黄色，颈基部羽多有黑斑点（称“芝麻点”），形似项链。主、副翼羽的内侧多呈黑色，尾羽多数有几根黑羽。
藏鸡	青藏高原	兼用	1.25~1.50	0.97~1.15	60~100	羽色有黑红黄相间、纯黑、纯白、麻黄，呈现多样性。翼羽和尾羽特别发达，善飞翔。
丝羽乌骨鸡	江西省泰和县 福建省泉州市	药用	1.0~1.3	0.75~0.90	70~80	其遍体白毛如雪，反卷，呈丝状。归纳其外貌特征，有“十全”之称，即红冠（红或紫色复冠）、缨头（毛冠）、绿耳、胡子、五爪、毛脚、丝毛、乌皮、乌骨和乌肉。眼、喙、趾、内脏及脂肪为乌黑色。

定、数量大、分布广的群体。

1998 年出版《中国家禽品种志》共列入地方品种 52 个，其中鸡 27 个，鸭 12 个，鹅 13 个。在我国养禽业现代化进程中，从国外引入的大量鸡种，将对我国鸡的品种组成和质量产生很大影响。现有生产性能较低的地方鸡种，有被取代的趋势。但多种多样的地方鸡种丰富的遗传基因库是鸡育种的宝贵资源。我国地方良种鸡主要见表 1-1。

工作任务二：藏鸡品种介绍

【重点理论】

一、藏鸡产地

藏鸡又叫藏原鸡，是青藏高原特有的高原地方鸡种。适应在海拔在 2 100~4 300m 的半农半牧区生活，其中以雅鲁藏布江中游河谷区和藏东三江中游高山峡谷区数量最多、范围最广。主要分布于西藏山南、拉萨、昌都、那曲、阿里及雅鲁藏布江流域中游河谷区地区，此外在青海玉树、海南州部分县区，四川和云南等省有少量分布。藏鸡性野、敏捷，喜欢在树中上部、畜棚梁下等高处栖息，适应低压、低温、低氧、强日照及严寒等恶劣环境，一般是林下或草原牧放饲养，觅食能力强，耐粗饲，呈半野生生活状态。历史上多有农牧民群众自繁自养的传统。据 1997 年统计，藏鸡约有 70 余万只。

二、外貌体型特征

藏鸡体型外貌和生活习性与红色原鸡相似，体型呈 U 字形，小巧匀称、紧凑，行动敏捷，富于神经质，头昂尾翘，翼羽和尾羽特别发达，善飞翔。公鸡大镰羽长达 40～60cm。藏鸡头部清秀，少数有毛冠，母鸡稍多，从冠为红色单冠。公鸡冠大直立，冠齿 4～6 个，母鸡冠小，稍有扭曲；虹彩多为橘红色，黄栗色次之；耳多为白色，少数红白相间，个别红色，胫黑色或肉色，见图 1-1 至图 1-3。

图 1-1 藏鸡

图 1-2 藏鸡公鸡

图 1-3　藏鸡母鸡

工作任务三：藏鸡生产性能

【重点理论】

一、产肉性能

藏鸡体小肉多，胸腿发达。胸部和腿部肌肉率高，富含多种氨基酸。测定结果表明，在完全放养条件下，成年公鸡与母鸡的体重平均为：公鸡 1.25~1.50kg、母鸡 0.97~1.15kg；屠宰率平均分别为 83%和 76%左右，全净膛率为 77%和 69%左右。其中胸腿肌率为：成年公鸡 41.9%、母鸡 42.5%。在舍饲条件下 3 月龄时公鸡平均体重 630g，母鸡 530g。0~90 日龄料肉比为 5.4∶1。

二、产蛋性能

据产地调查，藏鸡产蛋旺季为3—9月。在放牧条件下，一般年产蛋量大约为80枚。据报道：巴塘藏鸡产蛋可达年均100枚以上，平均蛋重42.1g。3—5月测定的蛋料比为1：7.6。蛋壳呈褐色、浅褐色或白色，平均厚度为0.3mm。蛋形指数为1.35。

三、繁殖性能

藏鸡公鸡性成熟较早，120日龄左右开啼，母鸡性成熟较晚，就巢性较强。原产区每年4—6月采用自然孵化方式进行繁殖，每窝孵蛋10~15枚，据甘孜州巴塘县畜牧兽医站测定，受精率为85.0%，受精蛋孵化率为89.9%。据从产地引进种蛋电孵，受精率为85.1%，孵化率85.0%。黄名英等研究对四川平原地区藏鸡种蛋的孵化结果显示：受精蛋孵化率平均为88.27%，健雏率平均为96.39%。藏鸡出壳重平均为30.2g，150日龄平均体重公鸡942.1g，母鸡683.4g。试验表明：在青海省贵德县地区6月至10月期间，平均气温20℃左右，鸡苗45日龄脱温后，可舍饲至90日龄后牧放散养，饲喂小麦、豌豆及30%配合饲料，长势良好，正常死亡率为1%~2%，210日龄左右开产，年均产蛋60枚，体重趋于成鸡。

20世纪80年代中后期，对藏鸡的生物学特性和经济学特性的研究，利用其体型轻小，胸腿发达，快羽等性状，与纯种白来航鸡杂交、选育，已经形成了生产性能比较稳定的蛋用型品种群拉萨白鸡，初步改良了藏鸡低产、晚熟、就巢性强等不良性状，并进行了一定范围的推广，取得了良好的经济、社会和生态效益。

工作任务四：藏鸡产业的附加值

【重点理论】

一、藏鸡庭院化养殖模式

青藏高原很多地区的农牧民都保持着饲养藏鸡的传统，藏鸡的饲养具有广泛的群众基础，因此，藏鸡作为优良的“青藏高原稀有地方鸡品种”具有较高的经济价值，能够唤起当地群众的养鸡积极性。藏鸡抗病力强、耐粗饲，可以散养在林下果园，污染少，身体轻巧，羽色亮丽，生性好动，具有半野生生活习性特点，是农村庭院养殖最为适宜的，这为高原特色乡村旅游提供一道靓丽的风景线。可进一步向“家庭农牧场”方向发展（图 1-4），形成由农产品下脚料、果园等经济林木提供饲料、鸡粪还林、林牧共促的良性循环生态养殖模式。选取具有一定规模的合作社或企业选择藏鸡养殖，应支持和鼓励扩大养殖规模并提高养殖技术含量，充分发挥特色资源产业化的带动作用，提供多个就业岗位，增加农民收入，对发展本地农牧业经济效益显著。结合旺盛的旅游产业和城乡规划，藏鸡分户散养能够提供给游客一种品种古老、

品质优秀、肉质鲜美的原生态鸡肉产品，很受消费者欢迎，更能带动农牧民的养鸡积极性，提高其收入。这种收益是其他鸡品种无法提供的。

图 1–4　藏鸡庭院养殖模式

二、藏鸡产业发展是草地畜牧业产业化的有益补充

藏鸡养殖产业化经营，结合高原特有的牦牛、藏羊产业，可以打出一张青藏高原生态畜牧业组合发展的好牌，可以促进具有地方特色养殖业新的发展，是对高原草地畜牧业发展的有益补充（图 1–5）。

图 1–5　藏鸡企业养殖模式

模块二　藏鸡孵化技术

工作任务一：藏鸡繁殖性能

【重点理论】

一、性成熟年龄

藏鸡性成熟年龄一般是 4 月龄（图 2–1）。但气候、饲养方式对性成熟也有明显影响。性成熟的藏鸡必须再饲养一段时间，达到生理成熟后可繁殖配种，公鸡 8 月龄时配种较为适宜。生产实践中母鸡达到产蛋高峰期配种，种蛋受精率高，可用于孵化种用。公母比例为 1∶15~1∶20 为宜。

图 2–1　性成熟的藏鸡

二、配种方法

1. 大群配种

在一个母鸡群内，按比例放入公鸡自由交配。优点是方法简单，管理方便，受精率高。缺点是必须饲养一定规模数量的公鸡，增加了生产成本。这是当前藏鸡养殖所采用的主要配种模式（图 2–2）。

图 2–2　自由交配的藏鸡种鸡饲养模式

2. 小群配种

适用于育种禽场。在一个小群母鸡中放入 1 只公鸡交配，设有自闭产蛋箱，公母鸡有明显编号。优点是后代血缘清楚；缺点是种蛋受精率差，鸡舍利用率低。

3. 轮替配种（交换配种）

几只公鸡轮替与一群母鸡配种的方法。公母混群后，第 11 天开始留种蛋，经过一段时间后，将第一批公鸡撤出，隔 5 天放入第二批公鸡。但操作管理不方便。

工作任务二：种蛋生产与管理

【重点理论】

一、鸡蛋的构造

鸡蛋是由蛋黄、蛋白、蛋壳、蛋壳膜、胚盘或胚珠所组成。

（1）蛋黄的外面是蛋黄膜，主要起着隔离蛋黄与蛋白的作用。蛋黄中含有许多维生素、蛋白质、脂肪、矿物质。在孵化时供给胚胎生长发育的需要。

（2）蛋白紧贴于蛋黄膜上，是一种白色透明而富有养料的黏性半流体物质。蛋白的组成主要是水分，其次是蛋白质、脂肪、碳水化合物。蛋白中含有一定的酶，如果孵化时酶失去活性时，胚胎就停止发育。

（3）蛋壳膜分内外两层。靠外层紧挨着蛋壳的一层叫外壳膜，靠内层包于蛋白外面的一层叫内壳膜也称蛋白膜，内壳膜与外壳膜之间形成气室，新鲜蛋的气室较小，放置时间越久，气室就越大。

（4）蛋壳是蛋的最外一层硬壳。起着保护蛋黄、蛋白及固定蛋形的作用。新产出的蛋壳表面附有一层胶护膜，随着孵化或存放，胶护膜逐渐脱落。蛋壳上的气孔渐渐张开，内外相通，空气进入，孵化时可保证胚胎的正常气体交换。

（5）蛋黄表面有一白色小圆点，是胚珠或胚盘。受精后称为胚盘，胚盘比胚珠大、有明区和暗区，即胚盘中央呈透明状是明区，而周围不透明，颜色较暗，为暗区。而胚珠则是未受精、中央不透明的白点。胚盘是胚胎发育的原基。

二、鸡蛋的形成

鸡蛋是在母鸡生殖器官内形成的。在形成过程中，由于受多种因素影响，特别是饲料中营养欠缺、饲养管理不当，或母鸡患寄生虫病等的影响而形成畸形蛋。常见的畸形蛋有双黄蛋、无黄蛋、无壳蛋、异物蛋、蛋包蛋等，均不能孵化。

三、种蛋的生产

种蛋就是用来孵化的蛋。种蛋质量会影响到雏鸡质量及鸡成年时的生产性能。

（1）种蛋品质的优劣是由遗传和饲养管理决定的。由此种蛋必须来自健康、生产性能高而稳定，繁殖力强，受精率高（90%以上）的种鸡群。

（2）种蛋要求大小适中，蛋重应符合品种要求。蛋重相差悬殊时出雏不齐。藏鸡种蛋重在43~52g（一般初生雏鸡体重为蛋重的62%~65%）。

（3）种蛋的形状以卵圆形为最好。过长、过圆、腰凸、两头尖的蛋必须剔除，不能孵化。

（4）种蛋要求越新鲜越好。随着种蛋保存时间的延长，孵化率降低。种蛋保存时间据气候和条件而定。藏鸡种蛋一般要求在 2 周之内。

（5）入孵前的种蛋必须认真处理，进行擦拭、洗净、消毒等。

（6）用照蛋灯对种蛋进行透视，凡有裂纹、气室过大、蛋黄上浮、散黄及蛋内有异物（如血斑、肉斑）等的蛋不能入孵。

四、种蛋的消毒方法

鸡蛋从母鸡的泄殖腔产出，蛋壳表面被许多微生物所污染，大量微生物进入蛋内，影响种蛋孵化率和雏鸡质量。尤其是白痢、支原体、马立克氏病等，能通过蛋为媒介将疾病传给后代。因此，必须做好种蛋的消毒工作。

操作步骤

（1）种蛋的消毒共分两个阶段，储存前消毒和孵化前消毒。

每次集蛋完毕，立刻在鸡舍或送达消毒室时进行第一次消毒，不要让种蛋在鸡舍里过夜。在孵化前进行第二次消毒，消毒时间应在入孵前的 12~15h 进行。

（2）常用消毒方法。

①新洁尔灭消毒法：

用 1∶1 000（市售 5%的新洁尔灭原液 1 份+50 份水）溶液喷于种蛋表面，或在 40~45℃ 的该溶液中浸泡 3min。适于小批量马上入孵的种蛋。

②福尔马林蒸气消毒法：

消毒时可将蛋摆在蛋盘上进行，这是消毒效果较好的一种方法。甲醛溶液内含40%的甲醛，对所有的微生物都能达到杀灭的目的。但刺激性强，毒性较大，有时影响功效。每立方米空间用福尔马林30ml、高锰酸钾15g的比例熏蒸1h，保持温度25~27℃，湿度70%~80%，熏蒸后排出气体。

③过氧乙酸消毒法：

是使用0.01%~0.04%过氧乙酸溶液浸泡种蛋3~5min，晾干入孵。目前过氧乙酸消毒法是高效、低毒、安全、广谱、廉价、环保的一种方法。

(3) 严格按操作规程进行。

五、种蛋保存方法

种蛋如果保存不当会导致孵化率降低，甚至不能孵化。种蛋保存的环境条件如下。

(1) 鸡胚发育的临界温度为23.9℃。保存种蛋最适宜的温度是12~15℃。种蛋保存一周内以15~16℃为合适，超过一周以12℃为宜。

(2) 种蛋保存期间水分通过蛋壳上的气孔不断蒸发，影响种蛋孵化率。一般蛋库内的相对湿度以75%~85%为最好，但应当避免因湿度过大产生霉菌滋生。

(3) 要求空气新鲜、流通，无不良气味。

(4) 种蛋保存的时间一般以产后一周为合适，3~5天为最好。不要超过两周。种蛋入孵越早越好。

（5）种蛋运输的最佳温度为12～15℃，不能超过24℃。运输途中要避免阳光暴晒，防止雨淋受潮，严防强烈震动。运输时的包装最好采用特制的蛋箱或蛋托、蛋盘，避免蛋与蛋的碰撞。

工作任务三：孵化操作规程

【重点理论】

一、孵化机的构造

孵化机分孵化和出雏两部分。在中小型孵化机中，这两部分可在同一机器内部，而在大型孵化机中，出雏部分单独分开，称为出雏机。

孵化机由主体结构和控制系统两部分组成。

1. 主体结构

有机体（箱体）、蛋盘、蛋架（活动翻蛋架）。

2. 控制系统

主要有控温、控湿、均温、通风换气、转蛋等系统。

二、孵化条件

孵化就是种蛋在适宜的外界环境条件下发育，让雏鸡出

壳的过程。藏鸡胚胎在母体外的发育，完全依靠外界条件，即温度、湿度、通风、翻蛋、凉蛋等条件。只有根据胚胎发育的特点，给予最适宜的孵化条件，才能获得理想的孵化效果和健康的雏鸡。

1. 温度

温度是种蛋孵化条件中最重要的因素，它决定胚胎的生长、发育和生活力以及孵化的成败，是提高孵化率的首要条件。

鸡胚发育的适温范围是37~39.5℃，如温度超过42℃，2~3h，或低于24℃，30h，胚胎会全部死亡。

胚胎发育的时期不同，对温度的要求也不一样。孵化初期，胚胎本身产生的体热很少，需要较高的温度。孵化中期，胚胎的代谢日益增强，特别是胚胎发育末期，胚胎本身产生大量的体热，因而要求较低的孵化温度。据研究，鸡胚孵化的第10天时，蛋内温度比孵化机内温度高0.4℃；15天时高1.3℃；20天时高1.9℃，而孵化末期高3.3℃。因此，孵化时采取交错上蛋，每5天左右上一批蛋，而且“老蛋”和“新蛋”的蛋盘必须交错放置，这样可以互相调节温度。

现代孵化机，由于改进了通风系统和增加了水冷系统，可一次装满种蛋，直到落盘时再降低温度。

(1) 恒温孵化。即从入孵到出雏采用同一温度。恒温孵化一般应用于分批入孵。室温不同，孵化机温度也相应调整，在孵化室温度20~25℃的情况下，孵化机的温度在37.8℃。随着室温的上升，孵化机温度应相应下降。18~19天落盘移到出雏机的温度，应比孵化机温度下降0.3~0.6℃。

（2）变温孵化。即从入孵到出雏采用2~3种以上的温度变化进行孵化。变温孵化一般应用于整批入孵。变温孵化的温度要求，1~7天为38.8~38.5℃，8~15天为38.3~38℃，16~18天为37.8~37.5℃。采用变温孵化时应掌握前高、中平、后低的原则。不管采用哪种孵化温度，第19天落盘的温度都要相应降0.3~0.6℃。

现代小型孵化机设计在不断电状态下，自动调节温湿度，仅需要人工凉蛋和加水即可。

2. 湿度

湿度对家禽的胚胎发育有很大作用。是孵化中的重要条件之一，其作用为：一是孵化过程中如温度不足则蛋内水分加速向外蒸发，因而破坏了胚胎正常的物质代谢。二是孵化初期适宜的湿度可使胚胎受热良好，孵化后期有利于胚胎散热。三是出雏时在足够的湿度和空气中二氧化碳的作用下，能使蛋壳的碳酸钙变为碳酸氢钙，蛋壳随之变脆，有利于雏鸡啄壳。

为了胚胎正常的生长发育，孵化器内必须保持合适的湿度。一定注意防止出现高温高湿或低温低湿的现象，否则会对孵化率和雏禽品质有严重影响。

适宜的孵化湿度：孵化初期相对湿度为60%~65%；中期为50%~55%；后期（出雏期）为65%~75%。分批孵化时，为使各胚龄的胚蛋都能正常发育，孵化期应经常保持相对湿度在53%~57%，开始啄壳时，提高到65%~75%。

3. 通风

胚胎在发育过程中，不断吸收氧气和排出二氧化碳。为

图 2-3　藏鸡自然孵化模式

保持胚胎正常的气体代谢，必须供给新鲜空气。其作用为：一是孵化过程中，应随着胚龄的增加，逐渐加大通风换气量。二是通气还有散出胚胎产生的余热和保证正常孵化温度的作用。掌握合适通气量的原则是在保证常温、湿度的前提下，要求通风换气。

4. 翻蛋

翻蛋是以轴心为支点向左、向右各倾斜 45°，翻蛋时要轻、稳、并在短时间内完成。一是翻蛋能定时改变胚胎在蛋内的位置，防止粘连。二是翻蛋可使胚胎各部受热均匀，有利于提高孵化率和雏鸡品质。三是翻蛋使胚胎正常生长发育，并可提高健雏率。

5. 凉蛋

凉蛋是排除孵化器内多余的热量，保持适宜的孵化温度，同时让胚胎得到更多的新鲜空气，增强胚胎的活力。凉蛋的方法：每天打开孵化机门凉蛋约 30min，让胚胎温度下降到 30~33℃，或蛋贴眼皮感到微凉后，重新关上机门继续孵化。

通常在孵化第7天以后进行。应根据气候、胚温和机器性能灵活掌握，若温度正常时，不需要凉蛋。

【技术操作要点】

三、操作步骤

（1）孵化前根据设备条件、孵化出雏能力，种蛋供应、雏鸡销售等具体情况，妥善制定孵化计划、列出工作日程表，安排好工作人员，使孵化工作有条不紊的进行。

（2）孵化室要清洁、通风良好、温度适宜。孵化室最适温度为22~25℃，不低于20℃，不高于25℃。相对湿度为55%~60%。孵化室要通风良好。

要彻底清扫孵化室的地面、墙壁、蛋盘、蛋架、蛋箱、雏箱等，用福尔马林熏蒸消毒（每立方米用福尔马林30ml、高锰酸钾15g，熏蒸40min）。

（3）认真检修孵化器的密封性、电热系统、风扇、翻蛋警报等系统。校正孵化机温度。方法是将标准温度计和孵化要用的温度计，同时插入38℃水中，观察温差，贴上温差标记，便于校准。

（4）在入孵前3h将种蛋移至22~25℃孵化室中预热，以提高孵化率。

（5）预热后将种蛋大头朝上码在孵化盘上送入孵化机内，开始孵化（图2-4）。

图 2-4 小型机械化孵化

工作任务四：孵化效果检查

【重点理论】

一、胚胎死亡

整个孵化期胚胎死亡有两个死亡高峰。鸡胚死亡的第一高峰期在孵化第 3~5 天，第二高峰在孵化的第 18~20 天。一般来说，第一高峰的死胚率约占全部死亡率的 15%，第二高峰约占 50%，两个高峰死胚率约占全期死胎的 65%。

据测定，藏鸡孵化率可高达85%。其中，无精蛋占3%~5%，头照中死蛋占2%，二照中死蛋占2%~3%，移盘后的死胎蛋（毛蛋或蜷蛋）在5%~7%。而一般的孵化率在75%左右（图2-5）。

图2-5　机械孵化出雏中

二、孵化效果影响因素

影响藏鸡孵化成绩的是种鸡质量、种蛋管理和孵化条件。种鸡质量和管理决定入孵前的种蛋质量，是提高孵化率的前提。在实际生产中种鸡饲料营养和孵化技术对孵化效果的影响较大。

【技术操作要点】

三、孵化效果检查方法

孵化过程中结合照蛋，出雏等经常检查胚胎发育情况，

及时发现问题、查明原因、采取相应的措施、可以获得良好的孵化成绩。

（1）鸡蛋孵化至5~6天，第一次照蛋（头照），检出无精蛋、死胎蛋和正常蛋。

无精蛋显示透明、光亮、看不到血管，蛋黄稍大，颜色发黄，有时呈现出黑影。

发育正常的胚胎，其血管网鲜红，扩散面较大，胚胎上浮或隐约可见，膨大的头部和躯体使胚胎呈“哑铃形”，黑色的眼睛色素明显可见。

发育不良胚胎，血管较淡，纤细、扩散面小。

死胚有血圈或血线、血弧、血块、血点、断裂的血管，蛋的颜色较淡，内容物混浊。

（2）鸡蛋孵化至18~19天进行第二次照蛋（二照）。此次照蛋拣出死胚蛋后即行移盘。这次照蛋时发育良好的胚胎，除气室外已占满蛋的全部容积，胎儿的颈部紧压气室，因此气室边界弯曲，倾斜，尿囊血管已不明显，有时可以看到胎动；发育落后的胎儿则气室较小，边界平齐，尿囊血管仍然很鲜红而且明显；中死蛋（死胎蛋）表现气室小、边界模糊，且看不到血管，颜色较淡，蛋的锐端（小头）常常是淡色的，应立即捡出。

（3）孵化期中，由于蛋内水分的蒸发，蛋重逐渐减轻，气室逐渐增大，在孵化1~19天中，蛋重减轻约为原蛋重的10.5%，平均每天减重为0.55%，如果蛋的减重超出正常的标准过多，则验蛋时气室很大，可能是湿度过低；如减重低于标准，则气室小，可能是湿度过大，蛋的品质不良。

（4）出雏时期观察胎儿啄壳和出雏的时间，啄壳状态以及大批出雏和结束出雏的时间是否正常，借以检查胚胎发育情况。

（5）初生雏鸡主要观察活力和健康程度、体重的大小，蛋黄吸收情况，绒毛的色泽，整洁程度和毛的长短，以区别健雏和弱残雏。发育良好的雏禽体格健壮，精神活泼体重大小合适，蛋黄吸收完全，脐口愈合良好，绒毛整洁，色泽鲜浓，长短合适。

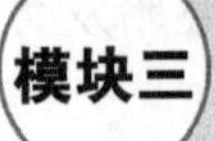

模块三 藏鸡育雏技术

工作任务一：雏鸡选择

【重点理论】

育雏工作不仅影响雏鸡的生长发育和育雏率，以及成鸡的生产性能和种用价值，而且还影响鸡群的更新和生产计划的完成。

一、雏鸡生理特点

（1）群居性强，生长发育较其他品种鸡慢，体重两周龄时比其初生时增加1倍左右，45天脱温后一般达到65g左右。

（2）雏鸡绒毛稀短，保温御寒能力差。随着神经系统的发育和羽毛生长，雏鸡的体温调节机能逐渐加强，从而对外界气温变化的适应性也逐渐增强。在育雏初期一般为32～33℃，在脱温期结束逐渐达到同环境温度相适应。

（3）雏鸡新陈代谢旺盛，生长快，耗料少，单位体重所需新鲜空气和呼出二氧化碳及水蒸气量多。雏鸡消化道短，容积小，消化能力差，每次食量很少。因此，要求饲料养分的浓度高、营养全面、容易消化。管理上少喂勤添并保证有充足的饮水。

（4）雏鸡体小娇嫩，体质较弱，对疾病的抵抗能力差，易感染鸡白痢、球虫病、马立克氏病、鸡痘、鸡霍乱，鸡新城疫等疾病，因此，必须贯彻“防重于治”的原则，重视防疫卫生，定期接种疫苗，严格控制疾病的发生和发展。

（5）雏鸡神经过度敏感、易惊吓，雏鸡的生活环境要保持安静，避免噪声，惊吓及生人进入（图 3–1）。

图 3–1　健康的雏鸡

【技术操作要点】

二、健康雏鸡挑选

（1）要求种鸡产蛋量高，蛋重适宜，遗传性能稳定，符

合品种特征，没有慢性呼吸道病、传染性支气管炎、新城疫、马立克氏病、白血病等疾病。

(2) 苗鸡应从防疫制度严格，种蛋不被污染，出雏率高的孵化场购入。同一批鸡，按期出壳的雏鸡质量较好，过早过迟出壳的质量较差。

(3) 一般在孵化室可通过“一看、二摸、三听”来选择。一看就是看雏鸡的精神状态。健雏一般活泼好动，眼大有神，羽毛整洁光亮，腹部卵黄吸收良好；弱雏一般缩头闭目，羽毛蓬乱不洁，腹大，松弛，脐口愈合不良、带血等。二摸就是摸雏鸡的膘情、体温。手握雏鸡感到温暖、有膘、体态匀称、有弹性、挣扎有力的就是健雏；手感较凉、瘦小、轻飘、挣扎无力的就是弱雏。三听就是听雏鸡的叫声。健雏叫声洪亮清脆；弱雏叫声微弱、嘶哑，或鸣叫不休，有气无力。

工作任务二：育雏技术

【重点理论】

一、准备工作

(1) 实践证明，藏鸡育雏可以采用半开放式鸡舍，在温湿度适宜，阳光充足的春夏季节育雏较好。春季雏鸡生长发育迅速，体质健壮，成活率高。夏季气候温暖，高原地区凉爽适宜，有利于雏鸡的生长发育。

（2）育雏舍要求保温良好、清洁、干燥、有利于通风换气。对育雏笼、供暖设备、料槽、饮水槽等检查维修，数量要够，按消毒措施严格消毒。

育雏舍外运动场也要进行清扫消毒，清除杂草和污物，铲去表土20~30cm，换上新土撒布生石灰消毒。

（3）育雏前最好购进全价配合饲料，地面育雏时要备足垫料，按期更换。准备常用药物，常用疫苗也应备好或预定好。

（4）进雏前两天，增加育雏室温湿度，使其达到标准要求。将各种育雏设备、用具安置好，以备进雏。

【技术操作要点】

二、育雏方式

1. 网上育雏

鸡场采用大群网上育雏，农户则宜小床网育。

大群网上育雏是将雏鸡养在离地面50~60cm高的铁丝网上，采用3mm冷拔钢丝焊成10mm×10mm网眼的网片。网上育雏使鸡体不接触粪便，减少了疾病的传播，不需垫料，减轻了饲养员的劳动强度，可以适当增加饲养密度。缺点是一次性投资多，饲养管理技术要求高，要补喂砂砾、加强通风。

农户小规模养殖，可针对当地情况，就地取材，利用竹

竿、木条等代替铁制网片，也有较好的育雏效果。

2. 立体育雏（笼育）

笼育比平面育雏更有效地利用禽舍和热能，具有雏鸡采食均匀，减少疾病，提高成活率，节省饲料和垫料的优点。育雏笼由笼架、笼体、料槽、水槽和托粪盘组成。一般是3~5层叠式，每层笼高30~35cm，宽120~130cm，长度可根据鸡舍面积和养鸡数量正确设置，要求舍内通风换气严格，炎热季节应有降温设施。

雏鸡放入育雏笼后应立即饮水。最初1~2天，在底网上铺上粗糙、结实、吸水性强的厚纸，可撒布饲料，有利于保温。提供平整的底面，便于雏鸡行走，5天后，撤掉厚纸，改在笼外挂料槽喂食。

笼育时，必须注意合理饲养、营养物质全面，加喂砂砾；保证育雏笼各层光照强度均匀；经常保持舍内和笼具以及料槽卫生，严格执行卫生防疫制度，尤其是防止呼吸道疾病的发生。对育雏期实行笼养，到育成期转为平养的鸡没有接触足够数量的球虫卵囊，对球虫病的免疫力极差，应采取措施并提前给药预防球虫病的发生。

三、取暖方式

我国大部分地区都在早春育雏，育雏离不开取暖，取暖条件是育雏成败关键之一。

1. 保温伞

使用伞形育雏器的优点是育雏量大。伞直径1.5m的可育雏500只，雏鸡可在伞下自由进出。选择适温，换气良好，使用方便，效果较好。

2. 烧炕育雏

在地面上搭砌北方常见的火炕，利用地炕形式热炕面，适合雏鸡经常伏卧地面休息的习性，且能保持垫料干燥温暖，效果较好。此法简单易行，成本低，效果好，适合高原寒冷地区早春育雏，这是小规模藏鸡育雏常规方式（图3-2）。

图3-2　土炕（烧炕）育雏

3. 热水管式供暖

设置锅炉，并在育雏室内安装水管，以热水散热供暖。这种形式供暖均匀稳定，室内空气新鲜，适于育雏数量多的大型鸡场采用，平面和立体育雏均可。

4. 红外线灯供暖

用红外线灯泡散发出来的热量育雏。每盏灯250W可以育雏100只，使用时可以几盏组连在一起，悬挂于离垫料

45cm 高处，于第 2 周起每周将灯提高 7~8cm 来调节温度，灯高直至 60cm 为止。此法育雏效果也很好，适合于平面小批量育雏、电源稳定可靠地区，但在较寒冷地区，室内另需火炉等有加温设备（图 3-3）。

雏鸡适宜的温湿度条件如表 3-1 所示。

图 3-3　红外线灯育雏

表 3-1　藏鸡育雏参考适宜温湿度

日龄	温度（℃）	湿度（%）	备注
1~3	35~33	70~65	1. 雏鸡表现活泼好动，羽毛光顺，食欲良好，饮水正常，休息时安静无声或者偶尔发出悠闲的叫声，体态自然、分布均匀并不扎堆时，表明环境温度是适宜的，保持现状即可。 2. 密集成堆地挤在热源附近或角落，羽毛竖立，缩头闭目，活动少，睡眠不稳，发出连续叫声，表明温度偏低，应立即驱散集堆雏鸡，防止压死，迅速升温保暖。 3. 远离热源，张口喘气，两翅张开，频频喝水，吃料减少，表明温度偏高。应注意慢慢降低温度，防止降温过快，引起雏鸡感冒。
4~7	33~32	70~65	
8~14	32~30	70~65	
15~21	30~27	65~60	
21~35	27~25	65~60	
35~50	25~20	60~55	

四、雏鸡饲养管理技术

1. 雏鸡运输

初生雏鸡腹内残留的部分未利用的蛋黄，可以作为初生阶段的营养来源。所以在48h内可以不喂饲，可以进行远途运输。

（1）运输最好用专用雏箱，也可用厚纸箱和小木箱。箱的四壁应有孔洞或缝隙。专用雏箱，每箱100只，并分四个格以防挤压，替代箱也要注意不能过分拥挤。

（2）装运时要注意平稳，箱之间要留有空隙，并根据季节气候做好保温、防暑、防雨、防寒等工作。

（3）运输中要注意观察雏鸡状态，每隔1h左右检查一次，防止因为闷、压、凉或日光照射而造成伤亡或继发疾病。

（4）运到育雏室后，要尽快卸车，连同雏箱一同搬到育雏舍内，稍息片刻后，便可将雏鸡轻轻放入育雏舍或育雏器内。

2. 饮水

雏鸡出壳后一直处在较高的温度条件下，育雏舍内温度也较高，空气又较干燥，雏鸡的新陈代谢又强，所以体内水分消耗很快。饮水的方法是使用雏鸡饮水器，在雏鸡入舍后即可让其饮水。最初可饮温开水3~5天，对于因长途运输发生脱水的雏鸡，可饮3%的葡萄糖水或8%的普通糖水，并在饮水中加入可溶性维生素和电解质。

对于不会饮水的雏鸡要注意调教，方法是将其喙浸入水中一下，帮助雏鸡学会饮水。平时应每天刷洗饮水器，并定期消毒。一般雏鸡出壳后 24～36h，初次饮水后 2～3h 开食为宜。

3. 喂料

（1）用混合料拌湿或干粉料开食均可。头几天可将饲料直接撒在深色塑料布上，或用 60cm×40cm 的不锈钢专用盘，以后可改用雏鸡食槽。

（2）第 1 天喂饲 2～3 次，从第 2 天起每天可喂 6～8 次，到 4 周龄起改喂 5 次，7 周龄时改喂 4 次。随着雏鸡的长大，食槽和水槽型号要更换，并保证足够数量。

（3）从第 4 日龄起应在饲料中另加 1%的干净砂砾，以促进消化，特别是网上育雏和笼育，更应注意补给。砂砾应随鸡龄增加逐渐加大。

4. 日常管理

（1）育雏的环境条件包括温度、湿度、通风、光照、密度等。雏鸡刚出壳后保温能力极差，自身调节温度的能力极弱，因此育雏时温度不当，尤其温度不够，易造成雏鸡扎推，是雏鸡死亡的主要原因。温度是育雏的首要环境条件，一定要选择可靠的供热方式使雏鸡获得最适宜的环境温度。

（2）育雏室里应安有湿度计，相对湿度保持在 60%～70%，如果没有安装湿度计，可以通过人的感觉和雏鸡的表现来判定。湿度适宜人感觉鼻不干口不燥，雏鸡胫、趾润泽细嫩。湿度过低会使雏鸡食欲不振、脚趾干瘪影响生长发育；

湿度过高病原微生物易滋生，诱发球虫病、霉菌病等。

（3）通风换气主要靠门窗利用自然风进行，也可安装排气扇，排除污浊空气。育雏第一周光照 24h，以后逐渐减少。保证合理的饲养密度有利于雏鸡的正常生长发育。

（4）藏鸡养殖在后期主要采用草地、林下放养模式，不进行断喙操作。

（5）要经常注意采食、饮水情况、精神状态、检查粪便是否正常，是否有啄癖发生，饲槽、饮水器是否够用，夜间雏鸡休息时听一听是否有呼吸异常音，要时时注意天气变化，随时按要求调整温湿度和通风换气，防止感冒。特别要注意夜间值班，防止野兽、老鼠等危害鸡群。

（6）严格执行消毒、防疫制度，做好疾病预防工作、防止发生传染性疾病。

模块四 藏鸡成鸡饲养管理技术

工作任务一：藏鸡育成鸡的饲养技术

【重点理论】

一、生理特点

（1）育成藏鸡的羽毛已经丰满，呈现特征性的各种羽色。具有健全的体温调节能力和较强的生活能力，生性好动，喜欢登高，对外界反应敏感，对环境的适应能力和对疾病的抵抗能力明显增强。

（2）鸡的消化机能已经健全，对饲料的适应性、利用能力增强；整个育成期体重增幅最大，但增速不如雏鸡快。免疫器官逐渐发育成熟，对疾病的抵抗力增强。

（3）育成后期鸡的生殖系统发育成熟，大群饲养时领域意识强。

二、饲养管理

（1）从育雏期到育成期，日粮过渡更换是一个很大的转折，从45日龄起，利用7~10天时间，逐渐减少育雏期饲料，增加育成期饲料混合喂给，10天以后喂给育成期饲料。

（2）育成期每只鸡的饮水位置要有足够的空间，要求饮水清洁卫生，每天坚持刷洗一次饮水器，饮水器位置要固定不变。一般情况下，周固的环境温度越高，鸡的采食量越少，进而影响机体的生长发育，环境温度高时，可供给凉水。

（3）育成鸡无论是平面饲养还是笼养，都要保持适宜的密度，才能使个体发育均匀，适当的密度不仅增加了鸡运动机会，还可以促进育成鸡骨骼、肌肉和内部器官的发育，从而增强体质。

（4）在营养平衡的条件下，光照对育成鸡性成熟很重要。育成鸡的光照原则是：光照时间只能缩短而不能增加，光照增加，会引起过早开产，结果早产早衰，甚止在产蛋期间有过早换羽的现象发生。

（5）按免疫程序接期接种疫苗，预防性投药及驱虫，同时要加强日常卫生管理，经常清扫鸡舍，更换垫料，加强通风换气，疏散密度，严格消毒等。

（6）在育成后期，鸡对环境变化的反应很敏感。在日常管理上应尽量减少干扰，保持环境安静，防止噪音。不要经常变动饲料配方和饲养人员，每天的工作程序不能变动。调整饲料配方时要逐渐进行，一般应有1周的过渡期。接种疫苗、驱虫等必须执行的措施要谨慎安排，最好不转群、少抓鸡。

（7）实行平养或放养的藏鸡在开产前应把产蛋箱放入舍内或避雨安静、光线较暗的地方，箱内铺垫草，并保持垫草

清洁卫生。

工作任务二：藏鸡成鸡牧放养殖技术

【重点理论】

一、概念

藏鸡牧放养殖是利用经济林、用材林、灌木林、荒坡、草地实施藏鸡成鸡放养与舍饲相结合的养鸡方法，它对林地实施种养业立体开发，减少林地害虫、抑制杂草丛生、培肥土壤，提高果园、林地单位面积的收入，充分利用野外灌木林、荒坡、草地资源，实施半野化牧放养殖、原生态养殖，能够使藏鸡养殖更加接近其品种要求，提高肉质、鸡蛋品质，提高产品附加值的重要养殖方法，对促进农牧民增收具有积极作用。

【技术操作要点】

二、牧放养殖选址与布局

(1) 藏鸡牧放养殖，既要建设鸡舍，又要有适宜藏鸡放养的场地。养殖场区应选择在地势高燥，背风向阳，环境安静，水源充足的适宜放养地，如建植林带、果园、其他经济林地、草场、荒山荒坡为佳（图 4-1 至图 4-3）。

图 4-1　藏鸡牧放视图一

图 4-2　藏鸡牧放视图二

图 4-3 藏鸡牧放视图三

按照新的环保政策 要求，选址应根据国家相关标准的规定，避开水源防护区、风景名胜区、人口密集区等环境敏感地区，参考当地“三区（禁养区、限养区、适养区）”划定方案，禁止在禁养区 范围内新建规模养殖场。同时，最好远离重工业区、化学工业区和其他养殖小区，如确有困难，养殖场距居民区也应保持 500m 以上，距主要公路 300m 以上，保证场区周围 500m 范围内及水源上游没有对产地环境构成威胁的污染源。养殖场最好选择在村庄下风向，要求地势高燥、平坦、背风向阳，地下水源水质较好，交通方便，利于排水。建场前就要做好规划，养殖种类不同，场区布局、建圈舍标准、粪污处理模式也不同。还要考虑近远期发展规划，一般应预估 3~5 年、5~10 年、10~15 年的饲养规模，以便建场时能预留出足够的空间，保证粪污处理设施的扩建与生产规模的增加相匹配。养殖场污染防治设施应与主体工程同时设计、施工、使用。环保处理设施需在专业人员的指导下修建，要实行雨污分流、干湿分离，净道和污道严格分开。要建干粪堆放处，堆放处必须防雨防渗，并定期清运。最好留有绿化用地，美化场区环境，吸收大气中有害物质，过滤、净化空气。

（2）场区布局应科学、合理、实用，节约土地，满足当前生产需要，同时考虑将来扩建和改建的可能性。青海省属高原大陆性气候，日照时间长、辐射量大，昼夜温差较大，冬季漫长寒冷干燥，夏季短暂凉爽，选择适宜地址建设封闭式棚舍很有必要，可起到防寒、挡风雨、遮阳的作用。鸡舍一般建设要紧靠放牧场地的地埂边，坐北朝南，排水通畅。中间最好能保持几十米的距离作为运动及饲喂场所。在鸡舍内部要构建栖架以便鸡群落脚栖息，母鸡舍内要建产蛋窝或产蛋箱，以防产蛋母鸡四处产“野”蛋。

（3）放养场地及设备要求。对放养场地查看围栏，如有漏洞应及时进行修补，以减少鼠、兽等天敌的侵袭，避免造成损失。同时准备充足的饲槽、饮水器等，摆放在鸡舍附近，便于人工饲喂操作。

三、放养方法

1. 适用性训练

（1）雏鸡脱温后（2 个月），要训练鸡对野外温度的适应。天热时，每天上午 11 点到下午 3 点打开鸡舍窗户，逐渐

延长到全日开窗，让鸡适应外界温度。

（2）喂料训练。放养初期，饲养员一边吹哨或敲东西产生较大响声，一边抛撒饲料，让鸡跟随采食；傍晚，也采用相同的方法，进行归巢训练，使鸡产生条件反射，形成习惯性行为。放养时间逐渐延长到整个白天，达到早出晚归的牧放状态。

2. 放养规模

放养密度应按“宜稀不宜密”的原则，一般每亩牧放场地放养 80~100 只。密度过大会因草虫等饲料不足而增加精料饲喂量，影响鸡肉和蛋的口味；密度过小则浪费资源，生态效益低。放养规模一般以每群 500~800 只为宜，采用全进全出制。

3. 放养时间

根据牧放地饲料资源和苗鸡日龄综合确定放养时期，一般选择 4 月初至 10 月底放牧，这期间林地杂草丛生，蝗虫、蚂蚁等各类昆虫繁衍旺盛，鸡群可采食到充足的生态饲料。其他月份则采取圈养为主、放牧为辅的饲养方式。具体放养日龄还应根据季节、鸡的体质、生长发育状况灵活掌握。

4. 划区轮牧

一般划分每 5~8 亩林地为一个轮牧区，每个轮牧区用网隔开，这样既能防止老鼠、黄鼠狼等对鸡群的侵害和带入传染性病菌，有利于管理，又有利于食物链的建立。待一个牧区草虫不足时，再将鸡群转到另一牧区放牧，公母鸡最好分在不同的牧区放养。在养鸡数量少和草虫不足时，可不分区

（图 4-4）。

图 4-4　藏鸡牧放视图四

5. 放牧补饲

为补充放养时期饲料的不足，对放养的鸡要适时补饲，早晚各补饲一次，按“早半饱、晚适量”的原则确定补饲量。放牧初期，每天早、中、晚喂 3 次，早料为日量的四分之一，中、晚以鸡吃料不剩为原则。喂料要定时定点。10 周龄以上的鸡，早、晚可以各喂一次。

6. 饮水

如果牧放地没有清洁的自然水源，为了保证鸡饮水充足，每 50~80 只鸡投放一个饮水器，饮水器要放在鸡常活动的明显地方，饮水器必须每天清理清洗，每周消毒 1 次。

7. 公母分群

公鸡争斗性较强，饲料效率高，竞食能力强，体重增加

快；而母鸡沉积脂肪能力强，饲料效率差，体重增加慢。公母分群饲养，各自在适当的日龄上市，有利于提高成活率与群体整齐度。

工作任务三：藏鸡舍饲养殖

【重点理论】

舍饲是指整个饲养过程完全在舍内进行。这种饲养方式有多种类型。藏鸡舍饲不利于鸡体发育，违反藏鸡半野生传统养殖方式。但在规模化生产中，部分藏鸡养殖企业也实施舍饲养殖方式，或阶段性舍饲养殖，这种舍饲养殖方式，会导致肉蛋品质下降，或增加患病机会。

一、舍饲方式

舍饲主要分为落地散养、网上平养和笼养 3 种。

平养指鸡在一个平面上活动，平养禽舍的饲养密度小，建筑面积大，投资相对较高。笼养可较充分地利用禽舍空间，饲养密度较大，投资相对较少，且管理方便，鸡不接触粪便，减少疫病感染机会。

（1）落地散养是直接在水泥地面上铺设厚垫料，藏鸡生活在垫料上，其优点是设备要求简单、投资少，缺点是饲养密度小、垫料需求量大、鸡只接触粪便不利于疾病防治（图 4-5）。

图 4-5 藏鸡散养舍内栖息架

（2）网上平养是指鸡群离开地面，活动于金属或其他材料制作的网片上，网上平铺塑料网、金属网或镀塑网等类型的漏缝地板，地板一般高于地面约 60cm。鸡生活在上，粪便落到网下，不直接接触粪便，有利于疾病的控制。

落地散养和网上平养便于育肥藏鸡饲养。

（3）笼养就是将鸡饲养在用金属丝焊成的笼子中（图 4-6）。根据鸡种、性别和鸡龄设计不同型号的鸡笼。主要优点

图 4-6 笼养藏鸡舍

是：一是立体笼养比平养可以增加密度，每平方米可以达到20只。二是鸡饲养在笼中，运动量减少，耗能少，饲料用量减少。三是鸡不接触粪便，有利于鸡群防疫。四是蛋比较干净，可全部收纳。五是不存在垫料问题，减少成本与劳动力。

但笼养方式投资较大，影响鸡的存活率和产蛋性能，出售价格较低。

笼养大部分采用全阶梯和半阶梯笼养，鸡笼层数蛋鸡一般采用3层，种鸡使用2层笼养，人工授精较容易操作。

二、养殖规模

藏鸡适度规模养殖以1 000~4 000羽较为切合实际，对保护生态环境及提高土鸡产品质量有利。农户自主养殖规模较小，以生态散养模式为主。养殖数量达到数千羽以上，实施生态放养对周边环境破坏力较大，建议采取全封闭舍饲模式，但在鸡舍内部规划上要求更高，鸡舍内要求配置充足的饮水、补料、灯光、控温、控湿和通风等基础性设施设备。要配套建设兽医卫生室和饲料调制与储备室，确保日常生产活动正常运转。要建设足够的机动栏舍，随鸡的生长发育灵活调控单位面积上的放养数量，避免过于拥挤诱发异嗜癖及各种常见传染病。在鸡场下风位建设粪污、病死禽无害化集中处置配套设施。有条件的规模鸡场可配套建设鸡舍面积5倍以上的运动场，在出栏期前30天左右可适当下架运动和接受自然光照，这有利于提高藏鸡的消化能力及免疫力，同时可改善鸡肉品质。

模块五　藏鸡饲料配方

工作任务一：常用饲料分类

【重点理论】

一、饲料分类与营养特性

根据饲料命名及分类原则，饲料可以分为青饲料、粗饲料、青贮饲料、能量饲料、蛋白质饲料、矿物质饲料、维生素饲料和添加剂。

1. 青饲料

包括天然水分含量为60%以上的青绿饲料类、树叶类、非淀粉质的块根、块茎、瓜果类。青饲料是常用的维生素补充饲料。含无机盐比较丰富，钙磷钾的比例适当。用青饲料饲喂藏鸡时要注意在青饲料无污染的情况下，最好不要洗。因为鲜嫩的青饲料，洗得越净，水溶性维生素损失越多。

2. 粗饲料

是指饲料干物质中粗纤维含量为18%以上的饲料。包括

干草类、农副产品类及树叶类。

3. 青贮饲料

是指利用新鲜的天然植物性饲料用青贮方法调制成的饲料。

4. 蛋白质饲料

是指在饲料干物质中粗蛋白含量在20%以上，粗纤维含量在18%以下的饲料。蛋白质饲料可以分为植物性蛋白质饲料和动物性蛋白质饲料两大类。

（1）植物性蛋白质饲料。包括油料饼粕类、豆科籽实类和淀粉工业副产品等。

①大豆饼：

大豆饼、粕是所有饼粕类饲料中最为优越的饼粕，在鸡配合饲料中得到广泛应用。大豆饼、粕中的必需氨基酸含量比例较为合理，尤其是赖氨酸含量在所有饼粕类饲料中最高，可达2.5%，最高可达2.8%。

②棉籽饼：

棉籽饼、粕是以棉籽为原料，经脱壳或部分脱壳后再以压榨法、预压浸提法或浸提法提取油脂后的产品。棉籽饼、粕中含有毒有害的成分棉酚和环丙烯脂肪酸。在配制鸡配合饲料时常用硫酸亚铁作为棉籽饼、粕的解毒剂。

③菜籽饼：

菜籽饼、粕是油菜籽经提取油脂后的产品。菜籽饼、粕中的蛋白质含量中等，其中菜籽饼中含蛋白质34.3%，菜籽粕中含蛋白质38.6%。菜籽饼、粕中的氨基酸组成特点是蛋氨酸含量较高，赖氨酸含量居中，介于豆饼、粕与棉籽饼、粕之间。

（2）动物性蛋白质饲料。动物性蛋白质饲料包括鱼粉、肉粉、肉骨粉、血粉、羽毛粉、皮革蛋白粉、蚕蛹粉和屠宰场下脚料副产品、乳制品等。

在鸡饲料中主要采用鱼粉。

鱼粉的种类很多，因原料和加工条件的不同，各种营养物质的含量差异很大。优质的进口鱼粉一般由全鱼制作，蛋白质含量和有效能值都较高。国产鱼粉大部分由鱼下脚料加工而成，质量差异很大。

进口鱼粉的蛋白质含量一般在55%~65%，高的可达72%，国产优质鱼粉的蛋白质含量在52%左右。鱼粉的蛋白质品质好，氨基酸组成合理，赖氨酸、蛋氨酸和色氨酸含量都很高，而精氨酸含量很低，因此在猪配合饲料中添加有利于补充这些主要限制性氨基酸。鱼粉中的钙、磷含量较高，比例较合适，磷的可利用几乎接近100%。并且含有丰富的维生素A、维生素D和B族维生素，特别是它含有所有植物性饲料都不具有的维生素B_{12}。另外，鱼粉中硒含量很高，可达2mg/kg以上，是猪、鸡配合饲料中很好的硒源。

选用鱼粉要严格控制质量，不仅要检验鱼粉的蛋白质含量，更重要的是要检验氨基酸含量，应从各种氨基酸的组成比例上鉴别鱼粉是否掺假，同时还应考虑盐分含量，避免食盐中毒。

5. 能量饲料

是指在干物质中粗纤维含量低于 18%，同时粗蛋白含量低于 20%的谷实类、糠麸类、草籽树实类、淀粉质的块根、块茎、瓜菜类。油脂及食糖等也属于能量饲料。

(1) 谷实类饲料。谷实类饲料包括玉米、大麦、小麦、燕麦、高粱、稻谷、小米等等，其主要特点是淀粉含量高，粗纤维含量少，能量的消化率和代谢率都较高。谷实类饲料在鸡配合饲料中所占的比例很高，一般为 50%～70%。谷实类饲料含蛋白质较少，约在 8%～11%之间，谷实类饲料蛋白质的共同特点是其中的氨基酸比例不平衡，赖氨酸、蛋氨酸和色氨酸等重要限制性氨基酸的含量低，而精氨酸含量高。

①玉米：

玉米是“饲料之王”，在我国的种植面积和总产量仅次于稻谷和小麦。玉米的主要特点是在所有谷物性饲料中的消化能或代谢能值最高，玉米中粗纤维仅为 2%。玉米中粗脂肪含量在 3.5%～4.5%，是大麦和小麦的 2 倍以上。玉米中的粗蛋白含量为 8.6%，但氨基酸含量不平衡，必须用其他蛋白质饲料或氨基酸搭配补充。玉米中的十八碳二烯酸（即亚油酸）含量高达 2%，它是鸡营养的必需脂肪酸。

玉米容易发生霉变、腐败，特别是容易感染黄曲霉菌，产生黄曲霉毒素。

②高粱：

高粱又称蜀黍、茭子是很好的能量饲料。我国东北产的高粱质量很好，但是华北产的高粱消化能和代谢能较低，含单宁高，适口性差，只能在鸡饲料中限量使用，一般不超过配合饲料的20%。

③大麦：

大麦有两种，一种是皮大麦；另一种是裸大麦。青稞是大麦的一个变种。

青稞含淀粉45%～70%，蛋白质8%～14%。高于皮大麦。赖氨酸、苏氨酸含量也较高，青稞籽粒颜色多种多样，有黄色、灰绿色、绿色、蓝色、红色、白色、褐色、紫色及黑色等。在我国分布很广，主要分布在长江流域，此外在甘肃、陕西和内蒙古也有种植，青海种植主产地为门源、贵南等地。

④小麦：

小麦在我国的种植面积和产量仅次于稻谷，居第二位。小麦的消化能为14.17MJ/kg，仅次于玉米和高粱，是一种很好的能量饲料。小麦中的粗蛋白含量高，达12.4%，高于大麦，是玉米的1.4倍。小麦蛋白质中各种限制性必需氨基酸含量也都较玉米高，但苏氨酸的含量明显偏低。

（2）糠麸类饲料。糠麸类饲料主要是小麦麸（麸皮）和大米糠。麸皮杂有小麦粉的副产品统称为次粉。

糠麸类饲料蛋白质含量为15%左右，比谷实类饲料高5%；B族维生素含量丰富，尤其含硫胺素、烟酸、胆碱和吡哆醇较多，维生素E含量也较多；物理结构疏松，含有适量的粗纤维和硫酸盐类，有轻泻作用。

6. 矿物质饲料

包括工业合成的、天然的或单一的矿物质饲料、多种混合的矿物质饲料及配合有载体的微量、常量元素饲料。几种

常见的矿物质饲料有沸石、麦饭石、膨润土、海泡石、滑石、方解石等。

7. 添加剂

不包括矿物质饲料、维生素饲料，添加在配合饲料中，能提高饲料质量，改善饲料性能、提高动物生产效益，且用量少，对人和动物不产生危害的物质。添加剂主要分为营养类添加剂和非营养类添加剂。

【技术操作要点】

二、饲料原料掺假检查及检测

1. 玉米

（1）检查内容主要质量指标是水分、霉粒。

（2）检查方法有：

①水分，玉米水分过高易生霉发热，不利于储存；玉米水分高 1%时，能量蛋白比相差 0.5%，能量氨基酸比相差 0.5%，即营养价值相差 0.5%。所以可根据仓贮玉米周转储存情况合理制定收购时水分标准。

感官检测法：用指甲掐玉米胚部分，软湿的水分一般高于 14%甚至高于 16%，硬干或掐不动则水分较低；用牙咬玉米，脆硬的水分低，反之则水分高。放入口中试咬，即碎时，表明水分含量合格。

另外，可用粮站常用的水分快速速测定仪测定。

②测霉粒的含量，取 100g 样品，从中栋出发霉粒称重，计算其百分含量。检验霉变前先混匀样品后四分取样，过筛除杂后可平铺于白色搪瓷盘中，从左至右依次挑拣。白色背景下玉米颗粒颜色非常清楚，霉变及破碎粒一目了然，而且颗粒不易滚出外面。感官检测法：随机抓一把玉米（一般不超过 100 粒），数霉变玉米个数，超过两个霉变粒直接退货即可。此方法也可用于散户供应商的玉米自检。

2. 小麦麸

掺假麦麸主要掺入以下三类物质：一是农作物秸秆如稻壳粉、花生壳粉等；二是矿物粉、贝壳粉、砂等增加重量的物质；三是为防止霉烂掺入防腐剂等。使用这样的麦麸，由于其中营养量不足，会造成生长乏力，鸡只瘦小，产量降低，损失很大。

（1）一般情况下，优质麦麸软而且光滑。相对来说灰色粉尘较少，咀嚼有甜味，麸皮整体较均匀整齐，手抓柔软不扎手，无明显秸秆碎片和其他稻壳等痕迹。将麦麸置于白纸上在阳光下仔细辨认。

（2）将手臂插入一堆麸皮中然后抽出，如果手指上粘有白色粉末且不易抖落，则说明掺有滑石粉，如易抖落则是残余面粉。再用手抓起一把麸皮使劲攥，如果易成团，则为麸皮；如果攥时手有反弹的感觉，则可能掺有谷糠。

（3）用水浸法鉴别：在掺入谷糠等杂物的同时一般都会掺入廉价矿物粉或生物粉砂等杂质（如石粉如沸石粉等），鉴别的方法取需检查的麦麸一把，放入盛水的脸盘中浸泡，然

后用木棒或手搅拌可看见麦麸与谷糠、泥沙、矿物粉或生物粉砂等杂质分层，漂浮在上层的为谷糠等杂物，沉在下面的上层为麦麸，底层为杂质。

3. 豆粕（饼）

（1）检查内容有无掺假及生熟度，豆粕的掺假物有玉米粉等。

（2）掺假判定方法有：

外观鉴别法：对形状、颗粒大小、颜色、气味、质地等指标进行鉴别。豆粕呈片状或粉状，有豆香味。纯豆粕呈不规则碎片状，浅黄色到淡褐色，色泽一致，偶有少量结块，闻有豆粕固有豆香味。反之，如果颜色灰暗、颗粒不均、有霉变气味的，不是好豆粕。而掺入了沸石粉、玉米等杂质后，颜色浅淡，色泽不一，结块多，可见白色粉末状物，闻之稍有豆香味，掺杂量大的则无豆香味。如果把样品粉碎后，再与纯豆粕比较，色差更是显而易见。在粉碎过程中，假豆粕粉尘大，装入玻璃窗口中粉尘会黏附于瓶壁，而纯豆粕无此现象。用牙咬豆粕发黏，玉米粉则脆而有粉末。

外包装检查法：豆粕通常以60kg包装，而掺入了大量沸石之类物质后，包装体积比正常小。

水浸法：取需检验的豆粕（饼）25g，放入盛有250ml水的玻璃杯中浸泡2~3h，然后用手轻轻摇晃则可看出豆粕（碎饼）与泥沙分层，上层为豆粕，下层为泥沙。

碘酒鉴别法：取少许豆粕（饼）放在干净的瓷盘中，铺薄铺平，在其上面滴几滴碘酒，过1min，其中若有物质变成蓝黑色，说明掺有玉米、麸皮、稻壳等。

生熟豆粕检查法：饲料应用熟豆饼做原料，而不用生豆饼，因生豆饼含有抗胰蛋白酶、皂角素等物质，影响畜禽适口性及消化率。方法是取尿素 0.1g 置于 250ml 三角瓶中，加入被测豆粕粉 0.1g，加蒸馏水至 100ml，盖上瓶塞于 45℃ 水中温热 1h。取红色石蕊试纸一条浸入此溶液中，如石蕊试纸变蓝色，表示豆粕是生的，如试纸不变色，则豆粕是熟的。

4. 菜籽饼

（1）检查内容可能的掺假物有石粉和黄土。

（2）检查方法。取菜籽饼粉碎，置于透明玻璃杯内，加水搅拌后静置，检查沙土含量，含量在 1%以下正常，超过 1%表明掺假。

5. 花生饼

（1）检查内容常见掺假物有滑石粉、花生壳。

（2）检查方法用浮选法判断掺假比例。

6. 鱼粉

（1）检查内容常见的掺假物有棉籽粕、菜籽粕、尿素泥沙、稻壳、花生壳、小麦麸、棉籽饼。

（2）检查方法。

①视觉检查：优质鱼粉颜色一致，呈黄色，颗粒均匀。掺假鱼粉有棕色微粒，表明掺有棉料壳，有白色、灰色和黄色的线条，表明掺入制革的下脚料。

②嗅觉检查：鱼粉呈咸腥味，掺有棉籽粕和菜籽粕的鱼粉有棉籽粕和菜籽粕味。

③触觉检查：好鱼粉用手捻质地柔软，掺假鱼粉粗糙磨

手，如结块发黏，说明鱼粉已酸败。

④浸润：样品加入5倍的水，搅拌后静置数分钟，如鱼粉中掺有稻壳粉、花生壳粉、小麦麸等，就漂到上面，泥沙则沉底。

7. 磷酸氢钙

(1) 检查内容常见掺假物有骨粉、石粉、磷矿粉、磷肥、滑石粉。

(2) 检查方法。

①掺骨粉的鉴别方法：用鼻闻应有骨粉味，颜色应为灰色。

②掺石粉的鉴别方法：加入稀盐酸，有大量气泡。

③掺磷矿粉的鉴别方法：看颜色，应呈灰白色或黄棕色。加盐酸，不溶解。

④掺磷肥的鉴别方法：颜色为灰白色或黄棕色，加入稀盐酸呈土灰色，底部有不溶物。

⑤掺滑石粉的鉴别方法：加入稀盐酸，不溶于盐酸，表面有半透明薄膜。

工作任务二：藏鸡的日粮配方

【重点理论】

一、藏鸡的饲养标准

为了使藏鸡能充分发挥其生产性能，又不浪费日粮，必须了解其饲养标准。饲养标准是指根据不同种类、性别、年龄、体重以及不同的生产目的与生产水平的畜禽对能量和各种营养物质需要量的测定，并结合当地饲料条件及环境因素，制定出的各类畜禽对能量、蛋白质、必需氨基酸、维生素、矿物质和微量元素等的供给量或需要量。常用每只鸡每天的具体需要量或占日粮含量的百分数来表示。

饲养标准又叫营养需要量，它是日粮配合的最主要依据。到目前为止，藏鸡还没有专门的饲养标准。

二、藏鸡饲料配制原则

日粮是指每天直接接喂给藏鸡的各种饲料组合的总称。日粮的配合不是随意的几种饲料组合，而是很科学的。因此，在配合日粮时必须遵循以下原则。

（1）根据鸡的品种、年龄、生长发育阶段、产蛋率、季节、营养等选择相应的饲养标准，同时结合本场或个人经验进行日粮配合。

（2）因地制宜选择饲料原料，做到既能满足藏鸡营养需要，又能降低饲料成本。

（3）饲料种类尽可能多样化，以发挥各种饲料之间营养成分的互补作用，达到营养全面，以提高饲料的利用率。一般日粮中精饲料种类不少于3~5种，粗饲料种类不少于2~3种，但主要种类应大致有个比例，见表5-1。

表 5–1 各种饲料在家禽日粮中的大致比例

饲料种类	比例（%）
谷物饲料（玉米、小麦、大麦等）	40~60
糠麸类	10~15
植物性蛋白质饲料料（豆饼、菜子饼等）	15~25
动物性蛋白质饲料（鱼粉、肉骨粉等）	3~10
矿物质饲料（食盐、石粉、骨粉等）	3~7
干草粉	2~7
微量元素及维生素添加剂	0.05~0.5
青饲料（按精料总量加喂）	30~35

（4）注意饲料的品质和适口性。要求饲料要新鲜、清洁，适口性强，决不能皮壳过硬或变质发霉的饲料。

（5）藏鸡日粮的配合应该要有相对的稳定性，如需变更，应注意逐渐过渡，切勿断然换粮以免引起消化不良。

三、藏鸡配合饲料的类型

配合饲料的种类程多，一般可按营养成分、饲料物理形态和饲喂对象进行分类。

1. 按营养成分分类

（1）全价配合饲料。指根据不同生长阶段、不同生产状态下鸡的饲养标准，将预混料、常量矿物质饲料、蛋白质饲料、能量饲料，按一定比例配制而成的营养价值齐全的饲料产品。它能满足鸡的各方面营养需要，可直接饲喂，无需再添加其他饲料。

（2）预混料。是用一种或多种微量添加剂原料，或加入常量矿物质饲料，与载体及稀释剂一起配制而成的。可生产浓缩料和配合饲料。在配合饲料中的加量为19%～5%，但作用很大，具有补充营养、促进生长、防治疾病、保护饲料品质等作用。

（3）浓缩饲料。又称蛋白质补充料，是由蛋白质饲料、常量矿物质饲料及添加剂预混料，按一定比例配制而成的。浓缩饲料的粗蛋白达30%以上，矿物质和维生素的含量也高于鸡需要量的2倍以上。因此，它不能直接用来喂鸡，必须再掺入一定比例的能量饲料搭配后才能饲喂。

2. 按配合料物理形态分类

根据制成的最终产品的物理形态分成粉料、颗粒料、膨化料等。

（1）粉状配合饲料。这是目前应用广泛的料型。一般是将饲料原料加工磨成粉状后，按饲养标准要求添加维生素、微量元素添加剂混合拌匀而成。加工工艺简单、生产成本低，采食均匀。不易腐烂变质，但饲喂时损失浪费较大。

（2）颗粒状配合饲料。是粉状配合饲料通过颗粒机压制而成。由于压缩增加了饲料密度，缩小了饲料体积，便于运输和贮存。同时，也避免了因鸡择食造成的饲料浪费，缩短了采食时间，刺激消化液分泌，提高饲料利用率，饲喂效果好。适宜于藏鸡的饲喂。

（3）破碎状饲料。是颗粒状配合饲料经破碎机加工破碎成不同直径的半粒状配合饲料。具有与颗粒状配合饲料相同的优点，它适宜于雏鸡的采食和消化。

3. 按饲喂对象分类

可分为雏鸡、青年鸡、蛋鸡、种鸡、肉用鸡等配合饲料。

【技术操作要点】

四、藏鸡常用的日粮配方

合理地配制日粮是科学养藏鸡的关键。理想的配合饲料在数量上能满足其食欲，在营养上能满足其生长发育等的需要，且适口性要好，成本要尽量低。藏鸡的日粮配方可根据藏鸡的营养标准采用家鸡日粮配方计算法则计算出来。各种饲料的营养成分和家鸡日粮配方计算法则均可查阅国内有关资料。为方便青海地区藏鸡养殖户，现根据笔者饲养经验介绍几例以玉米、豆粕为主的成鸡饲料配方，各地可根据当地的饲料资源合理采用，也可在实践中进一步调整、改进（表5-2）。

表5-2 藏鸡饲料配方示例

	配方编号	1	2	3
饲料配合比例（%）	玉米	59	60.2	56.2
	小麦	3	—	10
	青稞	3	12	—
	小麦麸	10	9	10
	豆粕	9.5	8	11
	菜籽粕	5	5	7

（续表）

	配方编号	1	2	3
饲料配合比例（%）	棉籽粕	4	—	—
	鱼粉	3	2	2
	石粉	1.3	1.3	1.3
	磷酸氢钙	1.2	1.2	1.2
	食盐	0.3	0.3	0.3
	预混料	1	1	1
营养成分	代谢能（MJ/kg）	11.4	11.5	12
	粗蛋白质（%）	15.2	14.4	16.1
	赖氨酸（%）	0.67	0.60	0.60
	蛋氨酸（%）	0.29	0.27	0.25
	钙（%）	0.72	0.72	0.72
	磷（%）	0.20	0.20	0.20

中篇

藏鸡疫病防控技术

模块一　疾病预控基本原则

工作任务一：疾病预防基础知识

【重点理论】

一、鸡病发生

鸡生长迅速，性成熟早，繁殖力强，饲料利用率高，适合于大规模的集约化饲养和工厂化生产。资料统计表明：我国鸡病发生与流行过程中传染性疾病约占70%，其中病毒性疾病尤为突出。非传染性疾病约占30%，以中毒性和代谢性疾病为主。总体来看，鸡群数量大小增加1倍，发生疫病的可能性则增加4倍，因此，鸡群越大，防病措施应该愈加严格。预防鸡病的发生在养鸡业中具有相当重要的意义。为了有效地预防鸡病，必须熟悉疫病的发生、发展及流行的规律，从而有效地控制疾病的发生。

1. 发生原因

鸡病按发生的原因可分为两大类，一类是由传染性病原和寄生虫引起的，为传染性疾病，另一类是由于重要营养物

质缺乏，摄入有毒物质，物理损伤或应激因素等引起的，为非传染性疾病。

（1）传染性疾病。

①细菌性传染病：是由细菌引起的疾病，主要有禽霍乱、鸡白痢、鸡伤寒、鸡大肠杆菌病、鸡传染性鼻炎、鸡结核病、鸡葡萄球菌病等。

②病毒性传染病：由病毒引起的疾病，主要有新城疫、传染性法氏囊病、传染性支气管炎、马立克氏病、鸡痘、鸡白血病、流感等。

③真菌性及其他传染性疾病：由真菌和其他微生物引起的，主要有曲霉病、家禽念珠菌病、冠癣、鹅口疮以及鸡慢性呼吸道病、滑膜支原体病等。

④寄生虫病：由寄生虫引起，主要有鸡球虫病、鸡组织滴虫病、鸡蛔虫病、鸡绦虫病等。

（2）非传染性疾病。

①营养缺乏病：由蛋白质、脂肪、糖类（碳水化合物）维生素、水等营养物质缺乏引起的疾病。

②中毒性疾病：由霉菌和细菌毒素、食盐、农药、杀虫剂、灭鼠药、植物毒素以及治疗时药物过量而引起的。

③应激反应：是鸡对不良因素的应答，即冷、热、温度下降、过堂风、免疫接种、疾病等能够引起应激反应。

2. 发生条件

病因、易感鸡群及适宜的外界部环境是鸡病发生的必要条件。

（1）病因。

①病原体：病原体能够引起疾病的传染，必须具备病原

性和一定的毒力，侵入鸡体且达到一定的数量，在一定部位生长、繁殖，引起鸡的代谢障碍而发生疾病。如鸡白痢、鸡新城疫等。

②营养物质：饲料中必需的营养物质缺乏，引起营养性缺乏症，如维生素缺乏症；饲料中某些营养成分过多，也会引起疾病，如食盐中毒、鸡痛风等；饲料中某些营养成分搭配比例不合适，也会引起疾病，如钙磷比例失调造成软骨症。

③毒物：毒物一般经过饲料、饮水、呼吸、皮肤及黏膜等自然方式和途径而进入体内，通过化学作用对鸡发生其毒害影响，一次性毒物量过大引起急性中毒，毒物少量多次进入鸡体内，引起蓄积性中毒。

④应激因素：过冷过热、突然降温、升温、免疫接种、挫伤等应激因素的作用，可使鸡体抗病能力下降，导致疾病的发生。

（2）易感鸡群。

①鸡的品种、年龄、营养状态不同，对某些病原的易感性有差异。例如：法氏囊病毒只侵害雏鸡，缺乏维生素 B 时，鸡易患大肠杆菌病，当鸡缺乏维生素 C 时，对链球菌、葡萄球菌抵抗力显著降低。

②鸡群一般只要 80%有免疫性，就不可能发生大规模传染病流行。

（3）外部环境：鸡病的发生与发展直接或间接地受到外界气候、地理环境、温度、湿度及饲养管理、兽医卫生措施等的影响较大。

3. 传播媒介

传播媒介是指病原体经鸡体排出体外后，通过某途径进入易感鸡群的因素。主要有鸡蛋、孵化设备、空气、饲料、饮水、垫料、粪便、羽毛、用具、其他动物及饲养员等。

（1）有的病原体在蛋的形成过程中进入蛋内，有的污染蛋壳，而后进入蛋内。目前已知经蛋传播的鸡病有：鸡白痢、伤寒、大肠杆菌病、支原体病、鸡脑脊髓炎、鸡白血病、病毒性肝炎、减蛋综合征等。

（2）在孵化过程中传播。如鸡曲霉菌病及脐炎，沙门氏菌均在鸡开始呼吸、接触外界环境时被感染。

（3）通过空气传播的疾病较多，有传染性支气管炎、鸡新城疫、流感、马立克氏病、鸡霍乱、传染性鼻炎、鸡痘、大肠杆菌病等。

（4）大多数传染病是由病原污染的饲料和饮水，经鸡摄入体内而感染，病鸡的分泌物、排泄物及尸体直接进入饲料和水中，也可间接进入，鸡采食被污染的饲料和饮水而发病。

（5）另外还有垫料和粪便、设备、用具等媒介的传播，如：鸡马立克氏病主要通过羽毛传播。

二、鸡病发展

鸡病的发展过程可分为潜伏期、前驱期、明显期和转归期 4 个阶段。

1. 潜伏期

从病因作用于机体到临床症状开始出现为止，这段时期称为潜伏期。不同疾病的潜伏期不同，有的数小时，有的长达数年。

2. 前驱期

是疾病的征兆，指从临床症状开始表现出来到典型症状出现之前的这段时期。

3. 明显期

在前驱期之后明确显示出疾病的特征性症状。

4. 转归期

出现典型症状后，一般向着两个方面转化，康复或死亡。

工作任务二：疾病预防措施

【重点理论】

疫病预防主要在场址选择符合要求基础上，做好消毒、隔离饲养及免疫措施。

一、消毒

1. 消毒对象

（1）新建鸡舍要进行全方位彻底消毒，可采用喷雾或熏蒸法，消毒后，最好空闲两周；转群后旧鸡舍要清除存留的饲料、垫料，进行焚烧或堆肥处理。用净水清洗天花板、四周墙壁、窗户和地面。待干燥后，选用杀菌剂进行鸡舍的地

面与墙面消毒，后紧闭门窗熏蒸消毒，关闭鸡舍 2 周，彻底杀死残余病原体。

（2）疫病发生期间的用具、装饲料推车或在作定期消毒的以上器具都应清洗消毒。

（3）鸡场区域，包括生产和生活区，重点是人员活动的地方。

2. 消毒剂的选择

（1）氢氧化钠（苛性钠）：对细菌、病毒和寄生虫卵均有杀灭作用，常用2%浓度溶液对鸡舍、饲料槽、运输用具等耐碱性物品消毒。

（2）新洁尔灭：0.1% 水溶液用于蛋壳的喷雾消毒，0.05%~0.1%作饮水，0.15%~0.20%水溶液可用于鸡舍内空气的消毒。

（3）甲醛（市售福尔马林 37%~40%溶液）：有刺激性气味，有广谱杀菌作用，对真菌、细菌、病毒和芽孢均有效。0.25%~0.5%甲醛溶液可作鸡舍、用具、器械的喷雾和浸泡消毒，常用作熏蒸消毒剂。

（4）菌毒敌：新型广谱高效消毒药，可杀灭细菌、真菌和病毒，对寄生虫卵也有杀灭作用。

（5）苯酚（石炭酸）：对细菌、真菌和病毒有杀灭作用，常用 2%~5%水溶液喷雾消毒污物和鸡舍。

（6）氧化钙（生石灰）：对细菌、病毒等有杀灭作用，常在道路、走廊铺地消毒，也可在林下养殖放养场地消毒。

（7）过氧乙酸：有醋酸气味，是一种广谱杀菌药，现配现用。0.3%~0.5%水溶液可用于鸡舍、食槽、墙壁、通道和车辆的喷雾消毒，鸡舍内可带鸡消毒，常用浓度0.1%。

（8）医用酒精、碘酒等可用于鸡局部创伤消毒。

（9）漂白粉：每立方米水加8g漂白粉，常用于饮水、污水和下水道的消毒。

二、隔离

养鸡业要发展和获得较好的经济效益，必须对鸡进行隔离饲养，这样才能保证鸡的健康和生产效益。鸡需要按其年龄、品种和类别分隔开。

（1）鸡场和鸡舍的隔离。鸡场应远离交通要道和居民点，最少要相隔1~2km；鸡舍之间相隔20m以上，每栋要有专门饲养员，彼此不能接触。

（2）鸡要按群（不同批次的雏鸡不能混养）、年龄、品种分隔开。

（3）坚持生物安全。进入鸡舍的有关人员应穿消毒过的服装、帽子和靴子。病、死鸡要正确焚烧处理，无关人员不准进入场区和鸡舍，控制和消灭周围的害虫。

三、免疫

鸡群免疫接种，是控制鸡传染性疾病的主要手段，利用疫苗刺激鸡体产生特异性的抗体，防止发生传染病，保证鸡的健康。正确地掌握疫苗的使用技术。可以收到预防传染病的理想效果。如果使用不当，则会造成损失。

1. 免疫接种原则

（1）疫苗选择。疫苗的供应必须来自有信誉的正规厂家，疫苗制品的包装、容器、批号、有效期及外观应当齐备合格；快要到有效期的疫苗，要按期先行使用，凡有异常性状的均不能使用；免疫接种的工作必须配合流行病学调查，对当地流行病进行针对性接种，并制订出合理的免疫计划。

（2）疫苗保存与运输。各种疫苗在使用前和使用过程中，必须按说明书上规定的条件保存，一般活疫（菌）苗要保存在0℃以下，灭活疫苗则保存在4℃，特殊的疫苗保存有特殊要求，如马立克氏病双价苗要求在液氮中保存；疫苗运输时，应采用保温箱，避免在日光照射下运输。

（3）疫苗使用。疫苗必须按规定的稀释倍数、稀释方法进行稀释，现稀释现用，于半小时内用完。注意弱毒苗不能与金属物品接触，金属物品能杀死弱毒苗。

（4）确定接种时机。雏鸡首次免疫应考虑母源免疫力的影响，只有当母源抗体消退后才能接种疫苗，如果确因其他原因（如免疫程序）需要，则要免疫接种必须加大疫苗的剂量，首免后，抗体的效价会因时间推移而降低，当降低到一定水平时，即要追加免疫，重复免疫一次，一般经过2~3次以上接种的鸡，免疫时间要长，同时还要注意两种或两种以上疫苗相互干扰的情况，保证免疫效果；当发生传染病时，为了迅速控制和扑灭疫病流行，必须对受威胁的鸡群进行紧急接种。

2. 接种期饲养管理注意事项

在接种前1天和接种后1天，应停止在饲料上添加抗生素类药物，接种期间应在饮水中添加维生素 A、维生素 E 和维生素 C，饲料要充足；如果雏鸡有病，应推迟至病愈后再接种。

3. 接种方法

鸡免疫接种的方法很多，在实际工作中，必须根据鸡年龄、品种、工作方便、疫苗的特性及免疫效果等具体情况而定，在相同条件下选择有效的免疫方法，能够获得较高的免疫效果。

（1）滴鼻点眼法。将 500 只剂量的疫苗用 25ml 生理盐水稀释摇匀，用标准滴管（眼药水塑料瓶也可）各在鸡的眼、鼻孔滴一滴（约 0.05ml），让疫苗从鸡气管吸入肺内，渗入眼中。此法适合雏鸡的鸡瘟Ⅱ、Ⅲ、Ⅳ系疫苗和传支、传喉等弱毒疫苗的接种，效果较好。

（2）肌肉注射法。按每只鸡 0.5～1ml 的剂量将疫苗用生理盐水稀释，用注射器注射在腿、胸或翅膀肌肉内。注射腿部应选在腿外侧无血管处，顺着腿骨方向刺入，避免刺伤血管神经；胸部应将针头顺着胸骨方向，选中部并倾斜 30 度刺入，防止垂刺入伤及内脏；2 月龄以上的对外开放可以注射翅膀肌肉，要选翅根肌肉多的地方注射，此法适合鸡瘟 I 系疫苗、油苗及禽霍乱弱毒苗或灭活疫苗。

（3）皮下注射法。将 1 000只剂量的疫苗稀释于 200ml 专用稀释液中，在鸡颈部捏起皮肤刺入皮下注射 0.2ml，防止伤及颈部血管、神经。适合鸡马立克疫苗接种。

（4）喷雾免疫法。喷雾前关闭窗户，将 1 000只剂量的疫苗加无菌蒸馏水 250ml 稀释后，喷雾在 500 只鸡舍中，通过鸡呼吸进入体内，要求气雾喷射均匀，喷头离鸡头 1.5m，喷雾 20min 后再打开通气孔。此法适合鸡瘟Ⅱ、Ⅲ、Ⅳ系和传支疫苗的接种。

（5）饮水免疫法。在饮水免疫前2h停止饮水，将饮水器冲刷干净。用2倍于鸡群的疫苗用凉开水稀释，5~15日龄的鸡每只10ml，16~30日龄的20ml；30~60日龄的为30ml。在水中加0.1%的脱脂奶粉或鲜牛奶混合，在1h内饮完。此法适合鸡瘟Ⅱ、Ⅳ系和法氏囊等弱毒疫苗的接种。

四、药物预防

适当使用药物，能调节鸡的生理机能，促进新陈代谢，改善消化吸收，提高饲料报酬，增强抗病能力。当鸡群出现疫病先兆，可给予药物治疗和预防，以防继发病，尤其是传染性疾病。

药物按来源分为生物药品、化学药品、抗生素、动物性药品、植物性药品5种。

生物药品是指用微生物及其代谢产物经适当处理制成的产品。如各种疫苗和抗病血清。

化学药品是指用化学方法合成的，如高锰酸钾、磺胺类药物等。

动物性药品是从动物脏器中提炼出的一类产品，如肾上腺素、胰岛素等。

抗生素药品是指用微生物发酵培养的生物经化学加工提炼而成，如青霉素、链霉素等。

植物性药品指用某些植物的某些成分作为药用物质，如大蒜、黄柏、杜仲等。

各种药物有一定剂型和剂量。有液体剂型、固体剂型、半固体剂型等。每种药物在给鸡使用时，均有一定的剂量，

才有治疗作用。

五、药物防治

药物的防治作用包括对因治疗作用和对症治疗作用。

1. 对因治疗

主要是用药物对病原体进行抑制和杀灭，消除致病因子。这对鸡传染病和寄生虫病防治具有重要意义。

2. 对症治疗

当病因不清，或无对病因治疗药物时，针对疾病表现的症状进行治疗，并消除现有症状。

对因、对症治疗和预防是相辅相成的，二者要兼顾，灵活地运用药物对因、对症进行治疗，充分发挥两者的优点，取得最佳的预防和治疗效果。

治疗是在迫不得已的情况下施用的，无论什么疾病，都应该遵循预防为主的原则。

【技术操作要点】

六、消毒方法

1. 喷雾消毒法

用配制好的消毒液对鸡舍内外环境，笼具、设备、道路

进行喷洒消毒的方法。

（1）带鸡喷雾消毒。

①最好在消毒前 12h 内给鸡群饮用 0.1%维生素 C 或多种维生素溶液。

②选择高效低毒的消毒剂，用药剂量严格按说明书配制。

③喷雾消毒时最好选气温较高的中午或午后，鸡舍内温度比常规高 2~3℃为宜。

④进行喷雾时，雾滴要细。喷雾量以鸡体和笼网潮湿为宜，喷雾时应关闭门窗。消毒后通风，快速干燥鸡体，以防感冒。

⑤配制消毒药液选用自来水等洁净水源。药液的温度 30℃为宜。

⑥鸡群接种疫苗前后 3 天内停止进行喷雾消毒，同时也不能投服抗菌药物，以防影响免疫效果。

（2）其他喷雾消毒。

对笼具、食槽、用具设备、道路、墙壁、顶棚等消毒时，达到均匀湿润即可。要注意药物对设备的腐蚀性。

2. 浸泡法

将需要消毒的物品放在消毒液中浸泡 30min 至 2h。

3. 熏蒸法

将消毒药加热或利用药品的理化特性使消毒药形成含药的蒸汽。一般用于空间消毒或密闭消毒室内物品消毒，如福尔马林熏蒸消毒等。

4. 生物消毒法

是一种最常用的消毒方法，主要是对大量废物、污物、粪便等进行消毒。其方法是将废物、污物、粪尿堆积在一起3~6周，表面加盖约10cm厚的土泥或喷洒消毒药液，通过微生物发酵产热杀死病原体和寄生虫幼虫及虫卵的方法。

5. 清洗法

用一定浓度的化学消毒药液清洗局部和用具等。

6. 机械清除消毒法

主要通过清扫、冲洗、洗涮、通风、过滤等机械方法清除环境中的病原体，是常用的一种消毒方法，但是这种方法不能杀灭病原菌。在发生疫病时应先使用药物消毒，然后再机械消毒。

7. 日光消毒法

是指见将物品放在阳光下暴晒，利用光谱中的紫外线、阳光的灼热和蒸发水分造成干燥等，使病原微生物灭活而达到消毒的目的。

8. 人工紫外线消毒

在更衣室、孵化室等采用人工紫外线消毒，紫外线能使细胞变性，进而引起菌体蛋白质和酶代谢障碍，从而使病原微生物变异或死亡。

9. 火焰或焚烧消毒

通过火焰喷射器喷火或焚烧处理达到彻底消毒的目的。

10. 煮沸消毒

通过煮沸10~30min，达到消灭病原体目的。

七、消毒药物选择

消毒药物种类多，不同类型的消毒药要交替使用，每月轮换一次。长期使用一种消毒剂，会产生抗药性，影响消毒效果。

常见的消毒药有：0.02%百毒杀、0.1%新洁尔灭、0.3%~0.6%毒菌净、0.2%~0.3%次氯酸钠、2%~4%氢氧化钠溶液（烧碱）、3%~5%的甲醛溶液、0.2%~0.5%的过氧乙酸、0.3%~1%的菌毒灭、5%~20%的漂白粉悬液、0.02%碘伏、1∶1 500消毒王、1%~2%菌毒净、1∶（600~1 200）氯毒杀、5%来苏儿溶液（又称煤酚皂、甲酚皂溶液）；10%~15%生石灰乳；30%草木灰水等。

八、给药方法

鸡常用的给药方法有口服、食道注入、注射、种蛋给药以及体表给药法。

1. 口服法

可分为个体给药法和大群给法两种。

大群给药法：可以混水给药和拌料给药，药物与水或饲料按规定剂量混拌均匀，并在规定时间内饮完或采食完。注意具有配伍禁忌的药物不能同时用。

①拌料时先将药物与少量饲料混合均匀再逐步扩大，防止拌料不均匀造成某些鸡吃不到药，而另一群鸡因服用过量

的药物中毒。

②方便快捷的饮水给药越来越成为养殖场的首选方法。在给药前应停止给水 2h，将一天用量的药物溶于全天 1/4 饮水中，让鸡在 2h 左右一次饮完，其余时间则饮清水。这种方法对需紧急治疗的鸡效果较好，适用部分抗菌药。如庆大霉素给药。

③早晚给药法，即在早上及晚上饮水中加入药物。此法对吸收快、半衰期短的药物比较合适。如氨苄西林。

④自由饮用法：即把药物溶于饮水中，稀释到有效浓度，让鸡自由饮用。如开食补盐、水溶性营养类药及预防性药物都适用此法。

个体口服给药法：使鸡口张开，灌服水剂或片剂。

2. 食道注入法

用玻璃注射器吸药液，通过口送入食道给药。

3. 注射法

分为嗉囊注射给药法、肌肉注射给药法、静脉注射给药法和气管注射给药法。注射时注意不要伤及邻近组织和器官。适用于逐只治疗，尤其是紧急治疗。对于难被肠道吸收的药物可用注射法给药。

4. 种蛋给药法

种蛋主要通过薰蒸和浸泡法进行给药，如孵化前消毒。

5. 体表用药

主要是外伤用药，及各种杀虫剂。

模块二　传染病防控技术

工作任务一：常见病毒性传染病

一、鸡新城疫

【重点理论】

鸡新城疫俗称“鸡瘟”，又名亚洲鸡瘟、伪鸡瘟，是鸡新城疫病毒引起的一种急性、败血性、高度接触性传染病。

1. 主要症状

患鸡呼吸困难、下痢，神经机能紊乱，黏膜、浆膜出血。病鸡精神沉郁，食欲减退或拒食，排出绿色或黄白色稀粪。口、鼻内有多量黏液，甩头时常见黏液流出。嗉囊充满气体或液体。呼吸困难，表现有喘气、咳嗽、张口呼吸。病程约2~5天，雏鸡仅1~2天。病死率达80%~100%。耐过鸡可出现阵发性痉挛，头颈扭转，角弓反张，运动失调以及麻痹症状。产蛋鸡在发病初期还表现产蛋量大幅度下降，软壳蛋，畸形蛋明显增多。

2. 病原

病原为鸡新城疫病毒。存在于病鸡所有的组织器官、体液、分泌物和排泄物中，以脑、脾、肺的含毒量最高，骨髓含毒时间最长。病毒的抵抗力差，易被热、日光、腐败及常用消毒剂所杀死。常用消毒剂如2%氢氧化钠、1%来苏尔水、1%碘酊、3%石炭酸都能在20min内将其杀死。

3. 传染源及传播途径

该病的传染源主要是病鸡和带毒鸡。主要经呼吸道、消化道感染，也可通过交配、伤口、眼结膜传染。吸血昆虫、狗、猫及其他哺乳动物都可机械带毒而传播该病。被病毒污染的饲料、饮水、用具等都可传播该病。含有病毒的飞沫，尘埃也可经呼吸道传染给健康鸡，所以屠宰病鸡时，乱抛羽毛、污水、内脏等，常是病情扩大蔓延的主要病因。

【技术操作要点】

4. 病理诊断

（1）外观病死鸡尸僵发生较早，头常后仰。

（2）剖检以呼吸道和消化道广泛严重的出血为特征。口腔内有黏液，嗉囊内容物酸臭，鼻、咽、食道、气囊黏膜、腺胃乳头有出血点，偶尔可见腺胃与食道交界处或与肌胃交界处有出血斑点。

在实际工作中，必须结合实验室诊断可确诊。

5. 治疗

目前尚无特效治疗药物，抗生素对该病毒无效。

6. 预防

采取综合性预防措施。加强饲养管理及防疫、检疫工作，以消灭传染源，切断传染途径；鸡舍及一切饲养管理用具要定期消毒，经常保持清洁卫生；采取合理的免疫程序（见“参考免疫程序”），定期接种疫苗。

7. 经验土方

（1）龙胆末、大蒜叶各2g，雄黄0.5g，加少量水煎5min后，拌料喂鸡，连喂3天。

（2）韭菜50g，猪油30g，调料喂鸡。

（3）大蒜叶、葱叶或韭菜叶切细，给鸡采食，每周2~3次可以预防。

（4）大蒜、生姜共捣碎加少量水，拌料喂鸡，有预防作用。

（5）蒜苗或蒜头15g切碎，拌500g饲料中喂鸡，每日2次，连喂10天。

二、鸡传染性法氏囊病

【重点理论】

鸡传染性法氏囊病首先发生于美国干博罗镇，故又称干博罗病，此病是由病毒引起鸡的急性接触性传染病，以雏鸡和幼龄鸡极度虚弱、寒战、排带泡沫微黄色或白色稀粪和法氏囊及其细胞坏死性变化为特征。凡患有传染性法氏囊病的鸡，机体抵抗力下降，对沙门氏菌、大肠杆菌、球虫病等病的易感性，并可伴发包涵体肝炎，坏死性皮炎、肠炎。此病会造成由于免疫抑制，给鸡场常造成巨大损失。

1. 主要症状

该病由于破坏法氏囊而引起免疫抑制，使鸡群抵抗力降低，对多种疾病的易感性增强，并能降低疫苗免疫效果，是禽病中较严重的一种疫病之一。

各品种鸡均可感染发病。病鸡突然发病，腹泻、精神沉郁，法氏囊肿大、出血，肾肿大和肌肉出血。潜伏期 2~3 天，显性病例感染后 3~4 天发病，多发于 3 周龄以后的雏鸡。主要发生于 2~15 周龄的鸡，3~6 周龄最易感染发病，1~2 周龄鸡很少感染发病。隐性病例，无任何症状，多发于 3 周龄以前的雏鸡。病鸡初期采食、饮水减少，排白色水样稀便，肛门周围被粪便污染，有的病鸡啄肛。闭眼昏睡，以后精神沉郁，羽毛松乱，畏寒，头下垂，眼下陷，步态不稳等，最后衰竭死亡。

2. 病原

病原为传染性法氏囊病病毒，存在病鸡的法氏囊、肾脏、脾脏。病毒对外界抵抗力强，常温下生存 120 天以上，对于紫外线、日光照射有较强的耐受力，5%的福马林和 0.5%氯胺，10min 可将之杀死，此乃首推的该病消毒药。用含氯消毒

剂消毒效果好。

3. 传染源及传播途径

病鸡、带毒鸡为主要传染源。传播方式为直接或间接接触传染。通过污染的饲料、饮水、垫草、用具、粪便、尘土、人员等机械性传播，昆虫如甲虫、蚊子可携带病毒进行传播。病毒也可经蛋传播。其流行特点是突然爆发，传播迅速，发病率高达100%。该病引起的死亡率不高，一般为5%～6%，高的达30%～50%，并且集中发生在几天之内。

【技术操作要点】

4. 病理诊断

（1）尸体脱水，腿爪干燥，手触胸骨如刀背样。

（2）法氏囊肿大，囊外覆盖淡黄色胶冻样渗出物，剪开法氏囊，见法氏囊黏膜水肿、充血、出血。囊内有黄白色、黄色、乳白色渗出物，个别法氏囊大量出血，外观呈紫黑色，囊中充满血凝块，这通常是合并感染大肠杆菌所致。发病后5天法氏囊开始萎缩，第8天仅为原来的1/3左右，质地坚硬，无光泽。

（3）腿部和胸部肌肉出现出血斑。有的呈大片紫黑色，也有的较轻，仅出现少量丝状红斑。

5. 治疗

目前无特效的疗法，主要以综合预防为主，结合对症治疗措施。

6. 预防

（1）坚持自繁自养，需引进鸡和种蛋时，必须来自无该病的鸡场，平时加强消毒工作，加强饲养管理工作，建立健康鸡群。

（2）发现病鸡及时淘汰，彻底消毒。并注意扑灭昆虫，防止昆虫传播。凡发过病的鸡群不易作种用。

（3）平时卫生消毒措施　实行全进全出制，空舍时用5%福尔马林喷洒消毒或每立方米用福尔马林12ml加高锰酸钾8g熏蒸消毒。也可在饲养期对鸡舍定期用0.2%过氧乙酸、10%百毒杀稀释6 000倍带鸡喷雾消毒，在饲料中增加多维素用量，预防该病的发生。

（4）预防接种（见“参考免疫程序”），定期接种。

7. 经验土方

（1）蒲公英、大青叶、板蓝根各200g，银花、黄芩、黄柏、甘草各100g，藿香、石膏各50g，水煎两遍，合并药液共4 000ml左右，让鸡自饮，病重鸡每羽灌服10ml，4次/天，连服3天。

（2）发病早期，病鸡注射抗传染性法氏囊病高免血清或高免卵黄液，每只肌注或皮下注射0.5~1ml，一般注射一次即可。效果良好。如有继发感染，可使用抗生素，但不可超量。

（3）用囊炎灵饮水，拌料或口服，连用2~3天。

（4）补水、补盐防治细菌性并发症。主要补充水和碳酸氢钠、氯化钾、氯化钠。一般每袋250g加水15kg，全天候饮

用，连用2~3天，或在每千克饮水中加入庆大霉素24万单位供鸡饮用，或恩诺沙星按说明拌料，防治大肠杆菌病并发。

（5）麻黄鱼腥草或清瘟败毒散拌料，速痢停或肠康饮水交替使用，连用3~4天。

【重点理论】

三、鸡马立克氏病

马立克氏病是由一种疱疹病毒引起淋巴组织增生性肿瘤病，以外周神经淋巴样细胞浸润和增大，引起一侧或两侧肢或翅麻痹，性腺、虹膜、内脏、肌肉、皮肤发生肿瘤，最后因受害器官功能障碍或全身极度消瘦而死亡为特征。在集约化鸡场，是主要鸡病之一，其发病率和死亡率都高，并能继发其他疾病，常给养鸡业造成很大损失。

1. 主要症状

该病分为神经型、内脏型、眼型和皮肤型，有时也见到神经型和内脏型，眼型和皮肤型同时发生的混合型；神经型、眼型、皮肤型在60日龄左右常发病，内脏型在90~150日龄发病。

2. 病原

马立克氏病毒属于疱疹病毒。病毒对热的抵抗力较差，60℃保存10min全部死亡。0.2%过氧乙酸、5%福尔马林、

2%氢氧化钠可杀死病毒。但在自然条件下，从羽毛囊上皮排出的病毒，在鸡舍的尘埃中存活时间较长，室温下可生存 4 周以上，病鸡鸡粪、垫草上的病毒室温下可保持传染性达 16 周。

3. 传染源及传播途径

病鸡、带毒鸡、病鸡和带毒鸡羽毛囊上皮内存在大量完整病毒粒子，随皮肤代谢脱落后污染环境，成为自然条件下最主要的传染源。孵化室、育雏室的污染是导致该病发生和免疫接种失败的重要原因。马立克氏病毒通过呼吸道进入到鸡的体内，空气传染是主要的，它可以传播 30km 以上，该病不能经种蛋传播。马立克氏病毒还可通过人、昆虫等直接或间接传染给易感鸡。

刚出壳的雏鸡对马立克氏病病毒的易感性特别高，比 10 日龄的易感性要高几十至几百倍，母鸡比公鸡易感性高，肉用仔鸡抵抗力较低。该病主要在 1 月龄内感染，尤以 1~2 周龄最易感染、感染后经过相当长的潜伏期才出现临床症状。

【技术操作要点】

4. 病理诊断

该病潜伏期较长。根据症状和病变发生部位，一般分为四型，即神经型、内脏型、眼型和皮肤型。诊断可根据受害鸡的年龄、临床症状、器官病理变化、肿瘤的分布、发病率及死亡率进行初步诊断，确诊需通过血清学试验、病毒分离。

（1）神经型　主要侵害外周神经。侵害部位不同，症状亦不同。最常侵害坐骨神经，发生不全麻痹，表现一种特征性的“劈叉式”姿势，即一肢向前另一肢向后；侵害臂神经时翅膀下垂；侵害颈神经时头颈下垂、歪斜；侵害迷走神经时，呼吸困难，嗉囊扩张等。病鸡常因病程长，采食困难，衰弱而死亡。

（2）内脏型　以内脏形成淋巴肉瘤组织为主要特征。此型最常见。幼龄鸡多发，死亡率高。主要表现精神沉郁，鸡冠、肉髯苍白、萎缩，腹泻，腹部膨大，病程短。有时突然死亡。

（3）眼型　患鸡一眼或双眼虹膜正常色素消失，丧失对光线强度适应的调节能力，呈同心环状或斑点状，以至弥漫性的灰白色，瞳孔边缘不整齐，呈锯齿状，故称“灰眼病”或“白眼病”，严重时失明。

（4）皮肤型　较少见，多在屠宰时发现。症状主要是皮肤毛囊肿大或形成灰白色实硬的小结节，常见于颈部、两翅。

（5）剖检诊断　是诊断该病最常用的方法。剖检时注意观察坐骨神经、内脏器官及法氏囊的变化。

外周神经病变主要表现为神经粗大、水肿，失去光泽，纹理不清，有时神经表面有小结节，使神经粗细不匀。病变往往是一侧性的，可对比诊断。内脏病变主要表现为内脏器官肿大，形成大小不等的肿瘤块，可发生在肝脏、肾脏、卵巢、心脏等器官。如肝脏受害时肿大、质脆，外观呈大理石斑纹状，表面有弥漫性或结节性灰白色肿瘤块，坚硬而致密。肾脏受害时肿大，有灰白色结节。卵巢受害时肿大，呈菜花样。法氏囊受害时萎缩。

5. 治疗

目前无特效药物治疗，应采取综合性防疫措施。

6. 预防

种鸡场必须严格检疫，彻底淘汰阳性鸡。由于该病主要是水平传播方式。因此要做好平时的卫生消毒工作，将出壳后的雏鸡放入严格消毒过的育雏室内饲养。幼龄鸡和成年鸡要严格隔离，分开饲养，保证 3 周龄以内不受感染，减少发病。除做好以上工作外，还应对鸡群进行免疫防制。

（1）必须加强饲养管理工作，注意消毒，尤其是孵化室和育雏室要严格卫生管理和消毒。幼鸡对该病易感性高，应与成年鸡分开饲养。

（2）做好检疫工作，及时淘汰病鸡，尤其是种鸡群，定期检疫，彻底消灭传染源。

（3）定期做好疫苗接种。

四、传染性支气管炎

【重点理论】

鸡传染性支气管炎是由病毒引起的一种急性、高度接触性的呼吸道传染病。幼鸡以喘气、气管啰音、流鼻涕、咳嗽、

喷嚏为特征；产蛋鸡以产蛋量减少和产畸形蛋、肾炎、肾肿大、花斑肾为特征。

1. 主要症状

自然感染潜伏期为2~4天。病鸡突然出现症状，迅速波及全群，流鼻涕、眼湿润、张口呼吸、喷嚏、咳嗽、发出“喉喉”的特殊声音，气管啰音，精神不振，采食减少，排黄白色稀粪，如加抗生素治疗，则鸡群渐好转，病死率极低。发病一周后，畸型蛋开始增多，并持续很久。

5周龄以下雏鸡，全群几乎发病，仰头、伸颈、张口呼吸，气管有湿性啰音、咳嗽、打喷嚏、流眼泪、流浆液性鼻液；有的鼻窦肿胀，流黏性鼻液，精神沉郁，食欲减少或停止，怕冷，常拥挤在一起，翅下垂，最后昏迷死亡。病程一般为7~14天，死亡率为25%~35%。

肾病变型　多发生于10~35日龄的肉鸡。开始出现轻微呼吸道症状，2~4天消失，约过10天左右，出现全身症状，精神沉郁、厌食、排灰白色稀粪或白色淀粉糊样粪便，失水、脚爪干枯，此时为死亡高峰期。死亡率在20%左右。

2. 病原

鸡传染性支气管炎病毒属冠状病毒，存在于病鸡呼吸道渗出物中，肝、脾、血液、肾、法氏囊中也能发现病毒，病毒对外界抵抗力不强，常用的消毒药如甲醛、百毒杀、菌毒敌等均可很快将之杀死。

鸡传染性支气管炎病毒的血清型多，抗原易变异，不同血清型交叉反应很小，并且新的毒株不断出现。已分离到的毒株（肾毒株）已不下几十种，这对防制肾型传染性支气管炎造成很大困难。

3. 传染源及传播途径

该病的传染源主要是病鸡。病鸡从呼吸道排出病毒，经空气飞沫传染给易感鸡，也可通过污染的蛋、饲料、饮水、用具经消化道传染，易感鸡与病鸡同舍饲喂，接触 48h 后，也能出现症状。

发病季节多为头年中秋到次年春末。

【技术操作要点】

4. 病理诊断

根据流行病学，临床症状，剖检变化，尤以产蛋异常可以作出初步诊断。确诊该病需经过实验室诊断。

5. 治疗

该病无特效药物治疗。为防止其他细菌继发感染，可用环丙沙星强力霉素饮水治疗，使产蛋鸡迅速恢复产蛋，雏鸡减少死亡。

6. 预防

主要防制措施是接种疫苗。用疫苗免疫 3～4 周以后，可对呼吸道产生保护作用。

五、传染性喉气管炎

【重点理论】

传染性喉气管炎是由病毒引起的一种急性呼吸道传染病，以高度呼吸困难、咳嗽和咳出含有血液的渗出物、喉部、气管黏膜肿胀、出血并形成糜烂为特征。一年四季均可发生，以产蛋鸡多发，有“咕咕”喘鸣声。该病传播快，死亡率高，主要发生于成年鸡。此病也可感染人。

1. 主要症状

病鸡呼吸时发出湿啰音，咳嗽或、喘气，严重时呼吸困难，抬头伸颈，并发出响亮的喘鸣音，咳血，有的死于窒息。口腔、喉黏膜有淡黄色凝固物附着，病鸡消瘦，鸡冠发紫，排绿色稀粪，病程一周左右。

饲养管理不良，特别是鸡舍拥挤，通风不良，维生素A缺乏、寄生虫感染，都可诱发和促进该病的发生。该病在易感鸡群中传播较快，感染率90%以上，病死率在20%左右，一般呈地方性流行。

2. 病原

传染性喉气管炎病毒属疱疹病毒，大量存在于病鸡气管组织及其渗出物中，肝、脾、血液中少见。病毒抵抗力较弱，常用的消毒药物均能将它杀灭。

3. 传染源及传播途径

病鸡及康复鸡是主要传染源，并能够排毒感染。病毒通过空气、飞沫经上呼吸道和眼感染健康鸡，也可通过接触被污染的垫草和用具感染。

【技术操作要点】

4. 病理诊断

病鸡的喉头、喉、气管肿胀、充血、出血，有血凝块。鼻腔和眼内有浓稠渗出物及其凝块，喉腔堵塞。临床症状可初步诊断出血性气管炎典型病变，该病发生突然，传播快，成年鸡发病率高，死亡率低，气管呈出血性炎症为特征。确诊需经过包涵体检查、荧光抗体技术及病毒分离等方法。

5. 治疗

该病无有效治疗方法，但可用抗生素控制细菌的继发性感染。

6. 预防

初期作出诊断，对尚未感染的健康鸡进行紧急接种，可达到预期效果。

7. 经验土方

（1）麻黄鱼腥草或清瘟败毒散拌料，连用3~5天。

（2）呼泻净或百毒净饮水，连用3天。

六、禽流行性感冒

【重点理论】

禽流行性感冒又称真性鸡瘟或欧洲鸡瘟，简称禽流感，是由A型流感病毒引起的一种急性、高度致死的禽类烈性传染病。禽流感病毒可使人感染，对人类健康构成了威胁。

1. 主要症状

潜伏期为几小时至3天不等，该病不同毒株引起的症不尽相同，初期突然死亡，病鸡表现高热、萎靡，采食、产蛋明显减少，流泪、咳嗽、眼皮与面部肿胀，眼内有豆渣样分泌物，呼吸困难，冠髯和皮肤青紫色，有的腹泻，粪便灰绿色或伴有血液，有的出现头颈和腿部麻痹，抽搐等神经症状。高致病力毒株感染时，发病率和死亡率可达100%。

2. 病原

该病的病原为正黏病毒科中的A型流感病毒，所有禽流感病毒抵抗力都不强，可被干燥、加热和许多消毒剂所灭活。病毒存在于病禽的所有组织，体液、分泌物、排泄物中，感染的鸡可从呼吸道、眼（结膜）和粪便排出病毒。

3. 传染源及传播途径

病禽是主要的传染源。常通过消化道、呼吸道、损伤的皮肤和眼睫毛感染。吸血昆虫及任何被病毒污染的物品都可传播该病。也可以通过空气传播。

【技术操作要点】

4. 病理诊断

该病的潜伏期一般为3~5天。急性病例无任何症状而突然死亡。病鸡体温升高达43~44℃，致病性禽流感爆发时病鸡严重精神沉郁、鸡群沉没无声，产蛋率剧降，产软壳蛋，倒吸气、涨嘴呼吸、流泪流鼻涕，冠和肉垂水肿，有的出现瘫痪、惊厥等神经症状。感染低致病性病毒或无致病性病毒时症状少，产蛋率下降较少，可观察到呼吸道症状。

剖检发现腺胃、肌胃角质膜下层和十二指肠出血。头、眼敛、肉髯、颈和胸等部分肿胀，皮下有黄色胶冻样液体，肝、脾、肾、肺常见灰烬黄色小坏死灶。腹膜和心包有充血和积液，卵巢和输卵管充血或出血，输卵管肿胀，充满含脓块的白蛋白样的黏稠液体。输卵管壁和输卵管周围组织常发生水肿。

根据流行病学、症状、剖检变化可初步诊断，进一步确诊可进行实验室诊断。

5. 治疗

目前尚无特异性治疗药物。预防人类流感感染的药物盐

酸金刚烷胺和盐酸金刚乙胺，可降低病禽死亡率。但这种药物不准用于食用禽类。

6. 预防

预防以实施良好的生物安全措施为主，所谓生物安全措施是指，为减少疾病侵入鸡群，以及防止已患病鸡群将疾病传播于其他鸡群所采取的一切措施。粪便污染是该病主要的传播途径，所以减少粪便扩散能降低该病的危险。同时可进行免疫接种。

七、鸡痘

【重点理论】

鸡痘是由鸡痘病毒引起的急性触性传染病。以皮肤无毛处和口腔黏膜上发生特殊的丘疹及假膜、结痂为特征。死亡率一般不高，但影响鸡的生长和产蛋。

1. 主要症状

皮肤型：在鸡冠、肉垂、眼睑和爪趾部等无毛部位发生结节状痘疹。发生眼痘时，易继发细菌（如葡萄球菌、大肠肝菌）感染，引起化脓性结膜炎，造成眼睑肿胀，重者眼瞎。鸡痘的流行常易暴发葡萄球菌病。

黏膜型：在口腔、咽喉处出现溃疡或黄白色伪膜，又称白喉型。伪膜不易剥离，强行剥离可见出血的溃疡面。气管前部也有隆起的灰白色痘疹，严重者喉裂被干酪性渗透出物堵塞。病鸡呼吸困难，因窒息而死。此型鸡痘可致大量鸡只死亡，死亡率可达20%以上。

2. 病原

鸡痘病毒属痘病毒，存在于鸡患部、皮屑、粪便及咳出的飞沫中，对消毒药较为敏感，一般消毒药10min可将其杀死。

3. 传染源及传播途径

传染源为病鸡，通过蚊子体表寄生虫而传播，病毒在蚊子体内可保持其感染力达数周，在此期间可不断引起感染。传播途径是通过皮肤毛囊、黏膜伤口接触传染和蚊虫叮咬而传染。一年四季均可发生，尤以秋冬两季特别流行，秋季以皮肤型为多，冬型以白喉型较多。

【技术操作要点】

4. 病理诊断

根据病鸡的冠、肉髯和其他无毛部位的结痂病灶，以及口腔和咽喉部分的白喉样假膜，就可以作出确定诊断。

5. 病鸡对症治疗

白喉型鸡痘时，口腔黏膜的假膜用镊子剥掉。1%高锰酸钾洗后，用碘甘油或氯霉素、鱼肝油涂擦。病鸡眼部如果发生肿胀，眼球尚发生损坏，可将眼部蓄积的干酪样物排出，然后用2%硼酸溶、1%的高锰酸钾冲洗干净，再滴入5%蛋白

银溶液。剥下的假膜、痘痂或干酪样物质都应烧掉，严禁乱丢，以防散毒。

6. 治疗

该病无特异性疗法，主要采取对症疗法，以减轻病鸡症状和防止并发症。

7. 预防

用鸡痘疫苗接种可控制该病，康复鸡可获得终身免疫。

8. 经验土方

（1）取大头蒜几个，捣成蒜泥，然后按 1∶1 的比例加入食醋调稀，把调和液涂于患部。

（2）取紫色新鲜桑椹挤汁，涂患痘处，仅复几次，即可治愈，天晴时将涂有桑椹汁的病鸡赶到阳光充足的地方活动。

（3）用菜籽油拌入少量食盐，拌匀，先用镊子剥病鸡患病的痘痂，再用药棉蘸取菜油盐剂在痘迹处反复涂擦，每天早、晚各 1 次，2~3 天即痊愈，如病情严重可反复涂擦 4~5 天，即可根治。

（4）用康复鸡血液治鸡痘。用患过鸡痘的康复鸡血液，每天给痘鸡肌注 0.2~0.5ml，连用 2~5 天，疗效很好。

（5）将大蒜捣烂，按饲料与大蒜 10∶1 比例拌入饲料喂鸡，每天早、晚两次，连续 5 天，疗效好。

（6）用 30%的碘酒涂抹病鸡冠、肉髯、耳等患部，每日 1 次，一般重复涂 2~3 次可愈。

工作任务二：常见细菌性传染病

一、鸡白痢

【重点理论】

鸡白痢是由鸡白痢沙门氏菌引起的对雏鸡危害性很大的一种传染病。雏鸡表现为急性败血症，发病率和死亡率都高。成年鸡感染后，多呈慢性或隐性带菌鸡，可随粪便排出，因卵巢带菌，严重影响孵化率和雏鸡成活率。

1. 主要症状

潜伏期4~5天，胚胎期感染的雏鸡，孵化过程中出现死胚，或在出壳后2~3天内突然死亡。在第二、第三周内达到高峰，表现为精神委顿，被毛松乱，双翅下垂，缩头、闭眼昏睡，不愿走动，挤在一起，嗉囊无食、空软，呼吸急促，部分病鸡排白色糊状稀粪，有时呈淡黄色、淡绿色或带血，粪便污染肛门周围羽毛，结成干灰样硬块，死亡率10%~50%。

成年鸡呈隐性或慢性经过，母鸡产蛋率、受精率和孵化率都降低，死亡胚数增加。

2. 病原

病原是鸡白痢沙门氏菌，本菌在适当的环境下可生存数

年，在污染的鸡舍土壤内其毒力可保持 14 个月，夏季土壤内为 1 个月。对热及一般消毒药的抵抗力差，在 70℃ 条件下经 20min 死亡，3%来苏儿水、5%石炭酸等均可杀死病原，但在自然条件下抵抗力很强，鸡舍内的病菌可存活 1 年以上。

3. 传染源及传播途径

病雏鸡和带菌鸡是主要传染源。病鸡排泄物中含有大量病菌，污染饲料、饮水、用具等进行传播。带菌母鸡产带菌蛋，且孵化率降低，并且死亡鸡胚又污染孵化器和雏鸡容器，使刚孵出的雏鸡被感染。部分带菌蛋可孵出雏鸡，但孵出后不久即发病，并传染给同群雏鸡，有少数带菌雏鸡无症状，但经排泄物不断散播病原，以后这种带菌母鸡又产带菌蛋，由此鸡白痢病就可在鸡群中循环不已，代代传播下去。另外，公鸡精液中有病原，可经配种进行传播。

【技术操作要点】

4. 病理诊断

出壳后不久发病死亡的雏鸡，病变不明显。肝肿大，充血或有条纹状出血或坏死。慢性带菌母鸡，最常见的病变为卵子变形、变色、质地改变以及卵子呈囊状，有时卵黄破裂。雏鸡发病，可根据流行病学、临床症状及剖检变化综合分析作出初步诊断。确诊有赖于病菌的分离培养。

5. 治疗

（1）磺胺嘧啶及磺胺二甲基嘧啶最为有效，在粉料中按

0.5%的浓度拌料，连喂5~10天，可以降低雏鸡病死率。

（2）用土霉素按0.2%混料或饮水，连喂3~4天。如果病情严重，可用环丙沙星饮服两天，加强疗效。

6. 预防

加强平时卫生管理，孵化前对孵化室、孵化器及用具等消毒。孵化前种蛋用甲醛熏蒸消毒后再入孵。

在鸡白痢易发日龄应添加抗生素类、磺胺类药物进行药物预防。

二、禽霍乱

【重点理论】

禽霍乱又称禽出血性败血症，禽巴氏杆菌病。该病是由多杀性巴氏杆菌引起的一种接触性烈性禽传染病。其特征症状为剧烈腹泻和败血症。高发病率，高死亡率为特征。

1. 主要症状

分为最急性型、急性型和慢性型。

（1）最急性型常见于流行初期，以产蛋高的鸡最常见。病死无前驱症状而死于舍内，有时见鸡神情沉郁，倒地挣扎，拍翅抽搐，迅速死亡。病程为几分钟到几小时。

（2）急性型最常见，病鸡精神沉郁，羽毛松乱，缩颈闭眼，头缩在翅膀下，不愿走动，离群呆立，并常有腹泻，排

灰白色、黄色或绿色稀粪。食欲废绝，渴欲增加，呼吸困难，口鼻分泌物增加，鸡冠及肉髯变为青紫色，有的病鸡肉髯肿胀，体温升高到43~44℃，3~5天死亡。

（3）慢性型多见于流行后期。以慢性肺炎、慢性呼吸道炎和慢性胃肠炎多见。生长发育受阻。

2. 病原

病原为多杀性巴氏杆菌（禽型）。此病菌对一般的消毒药、干燥、热敏感，1%石炭酸、0.02%升汞、1%漂白粉都可将病菌杀灭，自然干燥下很快死亡，60℃ 10min即死亡。但在寒冷条件下和土壤中存活时间长，在腐败尸体内可存活2~4个月，埋在土壤中可存活5个月。

3. 传染源及传播途径

带病鸡是主要的传染源。同鸡接触的自由飞翔的鸟类，亦可成病源，病鸡的排泄物、分泌物中带有大量病菌，可通过污染饲料、饮水、环境等传播疾病。另外苍蝇、蜱、螨等昆虫，也可传播该病。

【技术操作要点】

4. 病理诊断

鸡在幼年阶段对该病有抵抗力，16周龄以前很少发病，发病的高峰期在性成熟期，即鸡开始产蛋前后，多呈散发形式。秋季、初冬易发该病，冬春次之，夏季极少发生。

天气骤变，秋雨连绵，冬季鸡舍通风不良，鸡群拥挤等不良因素，均能诱发该病。急性型病变具有腹膜、皮下组织有小点出血，心包变厚，心包内有淡黄色不透明的液体，心外膜、心冠脂肪出血尤为严重，肺充血、出血，肝脏病变具有特征性，稍肿大，质脆，呈棕色或黄棕色，有许多灰白色、针头大的坏死点。脾脏一般不见明显变化，肌胃出血，肠道尤其十二指肠呈卡他性和出血性炎症，肠内容物混有血液。产蛋鸡的卵巢受损害，成熟的卵泡变得松弛，正常时容易见到卵泡膜的血管，此时变得不明显，未成熟的卵泡和卵巢的间质常充血，有时在腹腔中发现破裂的卵黄物质。

慢性型病变侵害肺及呼吸道出现鼻腔和鼻窦内有多量黏性分泌物，肺硬变；侵害关节则关节肿大变形，有炎性渗出物和干酪样坏死。

根据病鸡流行病学、临床症状、剖检特征可以初步诊断，确诊须作实验室诊断。

5. 治疗

（1）首选药为恩诺沙星疗效最好，青霉素、土霉素、磺胺类药物对之均有一定的预防和治疗效果。大群治疗时，土霉素按 0.05%混饲或饮水，连用 3~4 天。

（2）可使用霍乱灵、特效霍乱灵、复方特效霍乱灵等，治疗效果较好。

6. 预防

平时加强饲养管理及卫生消毒工作。建立和保护健康禽群，发现病鸡立即隔离治疗，死禽烧毁或深埋，并彻底消毒。病鸡群全部饲料中拌入 0.1%土霉素等抗生素或磺胺药，以控

制病情。健康鸡群可预防接种。

三、鸡大肠杆菌病

【重点理论】

鸡大肠杆菌病是一种以大肠埃希氏杆菌为原发性或继发性病原体引起的一类疾病。根据感染鸡年龄、抵抗力、大肠杆菌致病力强弱的差异，可分为许多不同的病型，是危害养鸡业的重要疾病之一。

1. 主要症状

因致病性大肠杆菌侵害部位不同，临床症状及病理变化也有以下主要不同。

（1）雏鸡脐炎与卵黄炎主要发生在出壳初期，病雏脐孔红肿，后腹部胀大，皮薄发红或呈青紫色，常被粪便污染，粪便呈黄白色，黏稠，病雏衰弱，垂翅、很少采食和饮水。出壳后几天到 21 天死亡，病死率达 30%~50%。

（2）大肠杆菌败血症主要发生在雏鸡和 4 月龄以的育成鸡，其中以 3~7 周龄多见，病鸡精神萎靡，缩头闭眼，蹲于一隅，饮水增多，食量显著减少，腹泻，拉白色稀粪，常带血液，污染肛门。临死前出现仰头、扭头等神经症状。

（3）全眼球炎发生于大肠杆菌败血症的后期，少数鸡的眼球由于大肠杆菌感染，眼房水和角膜发生浑浊，严重时失明。病鸡精神沉郁，觅食困难，最后衰弱死亡。

2. 病原

大肠埃希氏菌通常称为鸡大肠杆菌，是家畜、家禽及人肠道中常在菌，大多无致病性菌株，而且是有益的，对许多病原菌有抑制作用。但当各种应激造成鸡体免疫能力降低，就会发生感染。

3. 传染源及传播途径

大肠杆菌随粪便广泛传播，污染周围环境，垫草、饲料、水源而传染。传播途径其一，从消化道、呼吸道、肛门及皮肤创伤等入侵，当鸡抵抗力下降之时就会发病；其二，种蛋内含有致病大肠杆菌，可经种蛋垂直传递给下一代；其三，种蛋虽不带菌，但蛋壳口上所沾的粪便等污染带菌，在种蛋保存和孵化期侵入蛋的内部而引起感染。

鸡的大肠杆菌可单独发生，但常常是继发感染，常与沙门氏菌病、慢性呼吸道病、传染性支气管炎、新城疫及禽霍乱并发。人、啮齿动物粪便中常含有致病性大肠杆菌，常通过直接或间接接触而引起鸡群感染。

【技术操作要点】

4. 病理诊断

根据典型的临床症状和剖检变化可以初步诊断，确诊需分离出致病性血清型的大肠杆菌。

5. 治疗

搞好种蛋、孵化器消毒工作，可用百毒杀、百菌灭、菌

毒王等消毒。

如发生该病可用环丙沙星和氨苄青霉素混饮4~5天，如为混合感染，则用恩诺沙星饮服3~5天，也可选用庆大霉素、土霉素等进行治疗和预防，同时搞好平时的定期消毒和卫生工作。

6. 预防

目前尚无菌（疫）苗防疫，根据流行病学和症状，可用抗菌药物防治。

工作任务三：藏鸡防疫程序设计

【重点理论】

一、免疫程序概念

免疫接种是给动物接种抗原（疫苗）或免疫血清，激发动物机体产生特异性抵抗力的防病手段。并根据各种疫苗的免疫特性合理地制订预防接种的次数和间隔时间，这就是免疫程序。制定合理科学的免疫程序对于养鸡场预防传染病，提高经济效益有重要意义。

二、免疫程序制定依据

（1）根据养鸡场、本地区疫病发生的实际情况，确定所需接种的疫苗。

（2）根据家禽的日龄、免疫状态、饲养周期、疫病流行病学特点等制定适宜的免疫日期和次数。

（3）根据疫苗免疫特性，产生免疫力的时间及免疫期的长短，选择适当的疫（菌）苗。

（4）接种剂量根据产品说明书确定，不能随意增减。免疫方法要根据养鸡规模、疫（菌）苗特性及使用要求决定，尽量做到方便、易行，保证效果可靠。

（5）注意疫苗的利用方式方法，一般10日龄以下的雏鸡，以点眼、滴鼻为主，10日龄以上日龄鸡，则以饮水为主。免疫后在饮水中可适当添加些电解多维等抗应激药物。饮水免疫时，为保证疫苗中的弱毒，应在饮水中添加2%的脱脂奶粉。饮水免疫前应根据气温高低酌情彻底停水3~5d。在饮水免疫前后24h，不得饮用高锰酸钾及饮水用具、带鸡消毒或饮水消毒。

（6）免疫程序列举如表2-1。

表2-1　藏鸡参考免疫程序

接种日龄	疫苗名称	免疫方法
1日龄	马立克冻干疫苗	皮下注射
1~3日龄	传染性法氏囊病弱毒苗	皮下或肌内注射
2~4日龄	传染性支气管炎H120	点眼、滴鼻或饮水
7~10日龄	传染性法氏囊病弱毒苗	饮水
14~17日龄	鸡新城疫Ⅳ系疫苗	点眼、滴鼻或饮水
20~24日龄	鸡痘弱化弱毒苗	刺种

（续表）

接种日龄	疫苗名称	免疫方法
48~52 日龄	传染性支气管炎 H52	肌内注射
60 日龄	新城疫 I 系疫苗	肌内注射
60~65 日龄	驱肠道寄生虫	盐酸左旋咪唑按说明投喂
121 日龄	传染性法氏囊病灭活苗、新城疫灭活苗、肾型传支灭活苗	肌内注射

模块三　藏鸡的寄生虫病

工作任务一：常见的寄生虫病

一、球虫病

【重点理论】

球虫病是由艾美尔属的各种球虫，寄生于鸡的肠道而引起的一种疾病。主要发生于3月龄内的幼鸡，并且病情严重，死亡率很高。成年鸡多为带虫鸡。

1. 病原

球虫中危害最大的是寄生在鸡盲肠内的柔嫩艾美尔球虫和寄生在小肠内的毒害艾美尔球虫。在鸡粪中可见到的是球虫的卵囊。卵囊对外界环境的抵抗力很强，干燥和高热能杀死卵囊，寒冷只能使卵囊停止发育。一般消毒药对卵囊无效。

2. 传染源及传播途径

病鸡和带虫鸡均为感染源。病鸡、带虫鸡的粪便污染过

的饲料、饮水、土壤和用具等，都有卵囊存在，鸡啄食感染性卵囊后被感染。其他鸟类、犬、猫、家畜和某些昆虫，以及饲养管理人员都可传播该病。

【技术操作要点】

3. 治疗

（1）磺胺嘧啶、磺胺甲基嘧啶或磺胺二甲基嘧啶，以0.4%的比例混入饲料中，连喂3天，停喂2天后再喂3天。

（2）氯苯胍按30mg/kg混入饲料中连喂一周。

（3）球痢灵治疗用量为0.025%拌料，连用3~5天。预防量为0.015%拌料。

4. 预防

（1）加强饲养管理，每天清除鸡粪，堆积发酵处理。供给雏鸡富含维生素的青绿饲料，以增强雏鸡抵抗力。

（2）成年鸡和雏鸡分群饲养。防止鸡粪污染饲料和饮水。

（3）在易发病阶段用抗球虫药进行药物预防，最好选用三种以上的药物交替使用。

二、鸡蛔虫病

【重点理论】

鸡蛔虫病是由鸡蛔虫寄生于鸡的肠道而引起的疾病，是一种常见的寄生虫病，临床上病鸡表现为精神不振，生长缓慢，消瘦贫血，食欲减退，伴有下痢，稀粪中有时混有带血的黏液，病鸡渐趋消瘦，甚至死亡。

成年鸡感染症状不明显，主要表现为日渐消瘦，产蛋量减少。

1. 病原

鸡蛔虫属线虫类，成虫虫体呈黄白色，长线状，两头尖。雄虫长50~60mm，雌虫长65~110mm。虫卵呈椭圆形，壳厚光滑。蛔虫为直接发育型。成虫寄生于鸡小肠内，交配后雌虫产出虫卵，并随粪便排出体外，虫卵在有氧及适宜的温度和湿度条件下，经8~15天发育为感染性虫卵，其中含一条卷曲的幼虫。鸡吞食了感染性虫卵后，幼虫在腺胃脱壳而出，后移行到肠继续生长发育而成成虫。

2. 传染源及传播途径

成年带虫鸡为主要感染来源。它能排出大量虫卵，虫卵对外界环境因素和消毒药物具有很强的抵抗力，在鸡舍周围的湿润土壤里可存活2~3年之久。自然感染主要通过受感染性虫卵污染的饲料和饮水传播，偶尔因啄食体内带感染性虫卵的蚯蚓而传播。鸡舍及运动场潮湿常可诱发该病。

【技术操作要点】

3. 治疗

（1）左旋咪唑或甲苯咪唑用量每千克体重30mg，口服或拌料。

（2）丙硫苯咪唑用量每千克体重 20mg，口服或拌料。

（3）驱蛔灵用量每千克体重 0.2～0.3g 拌料，也可按 0.4%～0.8%混饮。

切记不可使用敌百虫进行驱虫。

4. 预防

（1）幼鸡在 2 月龄左右进行第一次驱虫，以后每隔 30 天驱虫一次，直至转入成鸡舍为止。成年鸡每年驱虫 2～3 次，可在每年春秋两季进行。

（2）经常清除鸡粪，并将鸡粪集中堆积发酵杀死虫卵，杜绝传染源。

（3）4 月龄以内的鸡与成年鸡分开饲养。

三、羽虱

【重点理论】

家禽体表寄生虫病，最常见的有羽虱和鸡螨引起的疾病。

1. 病原

常见的有鸡大体虱、头虱、羽干虱。鸡大体虱寄生在羽毛稀少的部位，如肛门周围、胸、背及翅下，取食羽毛和皮肤的表皮，有时也能吸血；羽干虱寄生于羽毛的毛干上，咬食羽毛；头虱寄生于头、颈部皮肤上，吸血。

2. 传染源及传播途径

鸡羽虱终生寄生在鸡的体表，在鸡的羽毛间产卵繁殖。

每繁殖一代需3~4周，虫卵依靠鸡的体温孵化成幼虱，幼虱再经几次蜕皮发育为成虱，冬季繁殖量较大。鸡羽虱通过直接接触传播。秋冬季羽虱繁殖旺盛，当鸡群拥挤在一起，是传播的最佳季节，也可通过散落的羽毛而间接传播。

【技术操作要点】

3. 治疗

可用2.5%溴氰菊酯乳剂，以1∶500的比例稀释后喷洒或药浴。同时必须对鸡舍及一切用具进行杀虱和消毒工作。将配制好的药液用喷雾器逆羽毛喷洒。同时喷洒地面、墙壁和鸡笼，并隔一周再喷一次。此法简便易行，效果较好。

4. 预防

（1）禽舍、运动场、用具等经常清扫、洗刷、暴晒，以保持清洁干燥。

（2）按时驱虫。

四、鸡螨

【重点理论】

1. 病原

鸡皮刺螨又称红螨。虫体呈长椭圆形，体表密生短绒毛，

外观呈灰色，吸血后呈红色。寄居在鸡舍、窝巢内，白天隐藏在栖架缝隙内，夜间出来侵袭鸡群，刺破鸡皮吸吮血液。吸饱血的雌虫，在鸡舍栖架或附近用具等的孔隙处产卵，孵出幼虫，幼虫不吸血，蜕皮变为若虫，若虫吸血再经过 2 次蜕皮发育为成虫。整个发育期为 7~14 天。

2. 诊断

严重侵袭时，鸡日渐消瘦、衰弱、贫血，产蛋力下降，可能使小鸡致死。根据症状及夜间鸡体上发现鸡皮刺螨可以确诊。

【技术操作要点】

3. 治疗

用 0.5%敌百虫溶液、0.005%溴氰菊酯仔细涂刷或喷洒在鸡舍内的栖架、支柱、地板等处，尤其是孔隙处，以消灭环境中的鸡皮刺螨。产蛋箱要清洗干净，再在阳光下暴晒，以彻底杀死虫体。

鸡的驱虫技术

（1）根据鸡所得寄生虫病选择高效、低毒的驱虫药。

（2）根据药物说明，个体或群体体重，准确计算所需药量。

（3）先将总药量混于少量半湿料中，然后与日粮均匀混合饲喂。

（4）大群驱虫时，应选用少数鸡做预实验，观察药效和安全性。

（5）投药后 3~5 天内，清扫粪便堆积发酵处理。

模块四　非传染病防治技术

任务一：典型的营养代谢病

一、维生素A缺乏症

【重点理论】

维生素 A 是维持藏鸡正常生长发育、正常视觉及黏膜上皮完整所必需的物质，如果日粮中缺乏维生素 A 和胡萝卜素会使消化道、呼吸道、泌尿道表现出病理损害和夜盲症。

1. 诊断要点

（1）雏鸡缺乏时一般在 6~7 周出现症状，成年鸡缺乏时多在 2~5 个月内出现症状。

（2）病鸡精神委顿、衰弱、羽毛松乱，喙和胫蹼部黄色消褪。

（3）成年鸡眼、鼻流水样分泌物，分泌物逐渐浓稠呈牛乳样，使上下眼睑粘连，呼吸困难，眼内有干酪样物质，严重时角膜穿孔，失明。出现眼部症状以后如仍不治疗，死亡率可达 100%。产蛋鸡产蛋量减少或停止，种蛋孵化率降低。

（4）幼鸡生长停滞、神经过敏、运动失调，给予刺激时

头颈扭转或作后退运动。

（5）特征病变为患鸡消化道、呼吸道黏膜发炎、坏死，并有灰白色芝麻大的小结节。肾小管及输尿管有白色尿酸盐沉积，严重时心、肝、脾、法氏囊也有沉积。

【技术操作要点】

2. 防治

（1）注意饲料配合。日粮中应补充丰富的维生素 A 和胡萝卜素饲料，如鱼肝油、胡萝卜、黄玉米、南瓜、苜蓿等，并注意饲料的保存，以防维生素 A 被破坏。

（2）发生维生素 A 缺乏症时可按维生素 A 正常需要量加大 3 倍拌料内服，每千克饲料补加维生素 A 10 000IU，或每 10kg 饲料中加鱼肝油 2ml。常用作维生素 A 添加剂的药品有：一是维生素 A 制剂，添加量为每千克饲料 5 000~10 000U。二是市售鱼肝油有浓鱼肝油和鱼肝油两种，可以拌料也可以逐只滴服，用量为每千克饲料 5 000~10 000U。

（3）豆类应炒熟后使用，全价料不宜长久存放，并注意防止霉变。

二、维生素D缺乏症

【重点理论】

是维生素 D 缺乏引起的一种营养代谢性疾病，以雏鸡佝偻病和成年鸡骨软症为特征。维生素 D 又称抗佝偻维生素，在鸡体内主要是调节钙、磷的代谢，促进小肠对钙、磷的吸收，而钙、磷是骨骼的重要组成成分。维生素 D 缺乏时；幼鸡骨组织中的磷酸钙沉积不足而引起佝偻病，成年鸡则动用已钙化的骨组织中的钙、磷来维持血钙的平衡，使骨组织疏松，发生骨软症。

1. 诊断要点

雏鸡维生素 D 缺乏时，骨质钙化受阻，行走困难，腿骨变脆易折断。喙、爪变软，严重时喙不能啄食。

成年鸡缺乏维生素 D 时，初期表现为产薄壳蛋、软壳蛋，且产蛋量下降，孵化率降低。进而不能站立，蹲伏于地，严重病鸡出现胸骨、肋骨和趾爪变软的现象。

根据病史调查，临床症状及特征性病变可以诊断。

【技术操作要点】

2. 防治

（1）一次性肌注维生素 D_3 制剂，每千克体重 10 000U，雏鸡可经口一次投服 15 000U，之后保证适量供应。

（2）每 100kg 饲料中添加鱼肝油 50ml 或浓鱼肝油 20ml，多维素 25g。

（3）实行笼养和舍饲时一定要考虑补充充足的维生素 D。

三、硒-维生素E缺乏综合征

【重点理论】

维生素 E 和硒能促进生长、繁殖正常功能，二者可构成机体内的抗氧化防御体系，在病因、临床症状、病理变化及防治效果等方面均相辅相成。缺乏时出现以脑软化症、渗出性素质、营养不良为特征的营养代谢性疾病。

1. 诊断要点

（1）脑软化症主要发生在生长快的肉用品种，雏鸡在15~30 日龄发病，初期步履蹒跚，喜坐在胫跖关节上，随后不能站立，倒于一侧，双脚痉挛，衰竭死亡。

（2）渗出性素质症在 40 日龄左右雏鸡阶段易出现，病鸡皮下组织水肿，皮肤呈蓝绿色，腹部和双腿内侧积液较多，叉开行走。剖检胸腹部皮下有淡绿色、胶冻样物质。腿肌、胸肌有不规则细条状出血带。

（3）肌营养不良症多发于 30 日龄左右的雏鸡，表现为两腿无力，运动失调，严重时卧地不起，下痢消瘦。剖检胸肌和腿肌萎缩，颜色变淡，部分可见出血。胸肌有对称分布的灰白色条纹（白肌病）。

根据发病日龄，临床症状，剖检典型病变可作出诊断。藏鸡饲养中如果不存在地方性缺硒，此病出现几率较小。

【技术操作要点】

2. 防治

（1）自己配制饲料应添加充足的亚硒酸钠—维生素 E 粉。

（2）脑软化重症口服维生素 E 制剂每只 300U，一次即可见效。在饲料中按 0.5%添加植物油有一定的治疗作用。

（3）渗出性素质症可按每只 300U 口服；同时以 1mg/kg 亚硒酸钠饮水，连用 5 天。重症者每只可肌内注射 0.1%的亚硒酸钠注射液 0.2ml。

任务二：矿物质缺乏症

一、钙磷缺乏症

【重点理论】

由于钙、磷缺乏或二者比例失调引起的一种代谢性疾病。临床上以雏鸡佝偻病、成年鸡骨软病为特征。

日粮中钙、磷含量不足是造成钙、磷缺乏的主要原因。尤其生长发育迅速的雏鸡和产蛋的母鸡易发生钙、磷缺乏。另外，维生素 D 缺乏会导致钙、磷吸收和代谢发生障碍。植物性饲料中，除豆科牧草及苜蓿含钙量较丰富外，其他植物性饲料含钙量均较低。鱼粉、蛋壳粉、贝壳粉、骨粉、磷酸

钙中含钙量较多。谷物籽实及其副产品、鱼粉、脱氟磷酸盐等含磷较丰富。

日粮中钙、磷含量不足是造成钙、磷缺乏的主要原因。尤其生长发育迅速的雏鸡和产蛋的母鸡，对钙、磷的需要量大，更易发生钙、磷缺乏；维生素 D 缺乏，使钙、磷的吸收和代谢发生障碍；饲料中钙、磷比例失调，影响钙、磷的吸收；影响钙、磷吸收、转运、排泄及在骨组织中沉积和再动员的各种因素和疾病，如胃肠疾病、肝肾疾病、饲料中其他微量元素的含量、甲状旁腺素和降钙素的水平、蛋白质的代谢状态等对钙、磷缺乏症的发生均有一定影响。

1. 诊断要点

根据日粮中钙、磷和维生素 D 含量的分析，结合发病日龄及特征性临床症状，作出初步诊断。

【技术操作要点】

2. 防治

预防钙、磷缺乏症应根据藏鸡不同生长阶段、不同产蛋量并结合维生素 D 缺乏与否确定日粮中钙、磷的添加量及合适的比例。

预防钙、磷缺乏症应根据不同鸡种、不同生长阶段、不同产蛋量及饲料中其他微量元素和能量水平等确定日粮中钙、磷的添加量及合适的比例。同时给予足够的维生素 D。

发生钙、磷缺乏症时，应适当提高日粮中钙、磷的供给量，并根据不同生理状态下对钙、磷的需要，调整钙、磷比例。如对非产蛋鸡，可将钙量提高 1%，产蛋鸡提高 2%～3%，并按合乎要求的钙、磷比例提高磷的补给量。在注意补钙、磷的同时，更应特别注意补充足量的维生素 D，以保证钙、磷的充分吸收和利用。

二、钠氯缺乏症

【重点理论】

钠和氯在维持体内渗透压、水平衡和酸碱平衡上起着重要作用。二者缺乏会引起细胞机能紊乱和体液分布失调，从而导致生长迟缓，产蛋减少，神经机能障碍。

藏鸡牧放长期使用未加盐的饲料；在夏季高温鸡群饮水增加，排泄加快；脱水、消化道疾病等均可引起钠和氯的缺乏。

1. 诊断要点

极度干渴，食欲废绝，腹泻、腹腔积水、渐进性肌肉无力，站立不稳和惊厥，心、肺和肠壁广泛性水肿。

【技术操作要点】

2. 防治

藏鸡日粮中氯化钠的含量应为 0.3%左右，可防止该病的

发生。但日粮应考虑氯化钠的总添加量，导致食盐中毒。

三、锌缺乏症

【重点理论】

锌缺乏症是以生长发育停滞、骨骼发育异常、皮炎、产蛋率和孵化率下降为特征的一种营养代谢病。鱼粉、骨粉、花生饼、麸皮等饲料中含有丰富的锌。氯化锌、硫酸锌、碳酸锌等可作为锌的添加剂。

1. 诊断要点

产生锌缺乏症常见原因有：地方性缺锌，钙、磷、镁、铁、维生素 D、植酸（黄豆粉中含量高）等拮抗锌的吸收，豆饼中的肌醇六磷酸，棉饼中的棉酚能与锌形成复合物而抑制其活性。

雏鸡缺锌时首先出现食欲减退，消化不良，生长迟缓，羽毛蓬乱，脆而易断，新羽生长缓慢，甚至不见尾翼羽；很快出现骨骼发育异常，腿软和共济失调，长骨变短变粗，偶见弯曲；胫部皮肤容易成片脱落，脚趾出现坏死性皮炎，关节肿大，僵直。产蛋鸡缺锌时，产蛋量和孵化率下降，鸡胚畸形多，雏鸡死亡率高。

调查饲料情况，测定饲料中锌的含量，结合临床症状观察，作出诊断。

【技术操作要点】

2. 防治

预防该病可在每千克饲料中添加80mg氧化锌或290mg硫酸锌。在补锌的同时适当补充维生素A等多种维生素。

治疗该病可采取肌内注射氧化锌，用量每只5mg。

四、锰缺乏症

【重点理论】

锰缺乏症又称脱腱症，是以骨的形成障碍，骨短粗和生长发育受阻为特征的一种营养代谢性疾病。锰是鸡体内重要的微量元素，能促进骨骼发育、蛋壳形成、胚胎发育及能量代谢。锰广泛地存在于饲料之中，但因产地不同差异很大。大部分饲料中锰的含量不能满足鸡的需要，配制全价饲料必须通过微量元素添加剂添加。

1. 诊断要点

雏鸡缺锰的特征症状是骨粗短症和脱腱症，临床上表现为精神委顿，生长停滞，胫跖关节肿大，跖骨向外侧弯转，常见一肢患病，病肢向后或向外侧伸出而悬起，健肢着地；若两肢同时患病，站立时呈“X”形，多瘫痪。剖检时见腓

肠肌腱从关节髁中脱出而离开正常位置，胫骨粗短弯曲。

成年鸡表现为产蛋量下降，蛋壳变薄，产蛋孵化率下降，鸡胚多在出壳前死亡。

依据临床症状与剖检病变可作出初步诊断，结合检测日粮中锰含量以及血液、肝脏中的锰含量可以确诊。

【技术操作要点】

2. 防治

预防和治疗该病可在每千克饲料中添加 245mg 硫酸锰，相当于含锰 58mg/kg；成年鸡每千克饲料添加硫酸锰 100mg 左右。

也可以用 1：2 000的高锰酸钾溶液饮水，但饮水治疗适口性差，饮 2 天停 2 天，连用 2 周。

任务三：普通病

一、痛风

【重点理论】

痛风病是由于鸡体内蛋白质代谢障碍或肾功能障碍引起的一种代谢性疾病。以体内有大量尿酸盐沉积为特征，临床上分为内脏型和关节型两种。

鸡舍过分拥挤，鸡群缺乏适当的运动和日光照射，鸡舍潮湿阴冷，以及很多疾病如鸡白痢、球虫病、盲肠肝炎等都是促进痛风发生的因素。

1. 诊断要点

（1）内脏痛风多呈慢性经过，患鸡食欲不振、逐渐消瘦、衰弱、羽毛松乱、鸡冠苍白、母鸡产蛋量下降或停产。剖检可见肾肿大表面有白色斑点状尿酸盐沉着；输尿管扩张变粗，充满石灰样沉积物。重者可见胸腹腔内脏器官（肝、心、脾、肺等）表面、肠系膜、腹膜、肌肉表面、皮肤内表面等覆盖有石灰样尿酸盐沉淀物形成的一层白色薄膜。

（2）关节痛风在趾前关节、趾关节、腕关节、肘关节出现坚硬的豌豆大至蚕豆大小的黄色结节即痛风结节，关节或趾部肿大变粗，行走迟缓，站立时呈异常姿势。切开肿大的关节，可流出浓厚、白色黏稠的液体，滑液含有大量由尿酸、尿酸铵、尿酸钙形成的结晶。

【技术操作要点】

2. 防治

治疗很少有效，主要在于预防。可减少日粮中的蛋白质（尤其是动物性蛋白质）的含量，供给富含维生素 A 的饲料，鸡群应给予适当运动。另外，应注意不可超量和长期使用磺胺类药物。

二、鸡应激综合征

【重点理论】

鸡应激综合征是鸡体对外界刺激所产生的非特异性的生理对抗反应，包括 3 个阶段。

如果应激反应引起的现象过于严重，超过有机体适应性，鸡会死亡。如果仍然存活，就进入抵抗和适应阶段，用一定的方式适应这种作用。如果应激作用持续时间过长，会导致机体抵抗力持续下降，使应激鸡发病和死亡。

藏鸡养殖很容易产生应激现象，应该尽量预防。

1. 诊断要点

产生应激的因素有：

（1）转移鸡群应尽量安排在夜间进行，捕捉前降低舍内光照强度，使鸡群处于安静状态，以防惊慌；

（2）幼鸡转移到新环境，由于逆境作用会使机体抵抗力降低而可能发病；

（3）原鸡群内新添陌生鸡，会破坏原有的群体秩序，使群内发生啄斗，直至建立新秩序为止；

（4）异常的喧哗、响动、生人入舍等，会使鸡出现呆滞、沮丧、逃走、鸡只“炸群”等状态；

（5）饲喂过碎的粉料，鸡只啄食感觉不足而发生争执；

（6）换料缓冲时间不足时鸡只不能立即适应，引起采食量减少或消化机能紊乱，拉稀粪，产蛋量下降等应激；

（7）喂饲次数不定会破坏鸡体的“生物钟”，鸡只会感到不适；

（8）鹰、老鼠、猫、犬、黄鼠狼等兽害刺激。

【技术操作要点】

2. 防治

（1）保证鸡群有适宜的生产和生活环境。

鸡舍建筑要做到防寒避暑，温度适宜，湿度得当，无噪声干扰，空气新鲜，光照适宜等。饲养员每天按一定的工作顺序进行，严禁外人参观，机动车辆要远离鸡舍及放牧场地。

（2）藏鸡放牧场地要注意采用细孔网栏防止兽害。

（3）更换饲料时，应循序渐进，由少到多，坚持定时定量，少添勤添的原则。当鸡处于应激状态时，可适当提高营养水平，对缓解应激反应有益。

（4）尽量避免各种应激因素的叠加效应，如不能同时转群与变换饲料等。

（5）适时合理地进行药物预防。可采用提高饲料中的维生素含量，在应激发生前后 2 天内每千克饲料中加入氯丙嗪 30mg 进行预防。

三、啄癖

【重点理论】

啄癖是指鸡互相啄食，造成创伤，甚至引起死亡，是大群养鸡很容易发生的一种恶癖，大鸡和小鸡都有可能发生。啄癖的形式很多，常见的有啄肛癖、啄趾癖、异嗜癖等。

1. 诊断要点

啄癖的发生主要的原因是饲养管理不到位，饲料中缺乏某些必需的营养物质，如铁元素等时，鸡群会产生啄癖。其他如鸡舍中温湿度大、光照强、过于拥挤、外寄生虫侵袭、皮肤外伤出血，都是诱发啄癖的因素。

【技术操作要点】

2. 防治

发病后查明原因，针对性的采取相应措施防治：在饲料中添加10%左右的动物性蛋白质，0.2%蛋氨酸；在饲料中添加2%石膏或硫酸钠、贝壳粉，碳酸钙、骨粉，或1.0%的硫酸亚铁，连喂3~4天；添加青绿饲料；在藏鸡活动场所放置木棒等玩具。

四、食盐中毒

【重点理论】

食盐是鸡的日粮所必需的营养成分，一般占鸡饲料的0.2%~0.5%。主要用于补充钠，以维持鸡体内的酸碱平衡和肌肉的正常活动，同时还可增加饲料的适口性。日粮中食盐添加过量时反而会引起中毒。雏鸡饮水中食盐含量达0.7%时即出现生长迟缓和死亡。蛋鸡饮水中食盐含量达1%时，产蛋量会下降。饲料中混入食盐超过2%时，就会引起明显中毒。

1. 诊断要点

（1）饲料中含盐量过高，如使用掺盐的劣质鱼粉。食盐加入饲料时混合不匀等造成部分鸡只摄入过量。

（2）高温条件下饮水不足降低了鸡体对食盐的耐受量，导致体内盐分过量。

（3）中毒后鸡群饮水量大增，口渴感十分强烈，有惊慌不安的尖叫。嗉囊膨大柔软，拉水样稀粪，泄殖腔周围的羽毛污染严重，精神萎靡，共济失调，呼吸困难，虚脱，抽搐，严重时死亡。

（4）通过分析饲料盐分，结合临床症状与病理变化，可以作出诊断。

【技术操作要点】

2. 防治

（1）控制饲料中的食盐总含量不要超过0.3%，残汤剩饭喂鸡时要控制用量。

（2）发病时，供无盐饲料，供给5%的葡萄糖水，可利尿解毒。

五、亚硝酸盐中毒

【重点理论】

多见于将青绿饲料如青草、白菜、萝卜、菠菜等在长时间堆放或闷煮后拌料喂鸡。

1. 诊断要点

病鸡表现为口渴、食欲下降，呼吸急迫，冠与肉髯呈暗紫色，可视黏膜发紫。烦躁不安，步态蹒跚，部分鸡只突然死亡。死后剖检，血液呈酱油色，肺和气管充血。胃肠道充血、肝、肾、脾呈暗红色或黑紫色。

【技术操作要点】

2. 防治

（1）青绿饲料要鲜喂，不能水淋过夜，与精料拌喂时拌料量不宜过多。菜叶腐烂时严禁使用。

（2）发现中毒后口服1%的美蓝溶液，同时肌内注射维生素C注射液，饮水中可添加5%的葡萄糖。

六、农药中毒

【重点理论】

有机磷农药有敌百虫、1605、甲胺磷、乐果、倍硫磷、敌敌畏等。鸡误食施用过有机磷农药的蔬菜、谷类、植物种子、被农药毒死的虫体以及被农药污染的沟水时可引起中毒。

1. 诊断要点

肌肉震颤、无力，运动失调，食欲减退或废绝，流涎下痢、排血便、嗜睡。严重时呼吸困难，冠与肉髯变为紫色，最后由于呼吸中枢麻痹而窒息死亡。

急性中毒常无明显症状，仅见口腔有泡沫样液体。慢性中毒可见胃肠黏膜出血、脱落或溃疡，肝、脾肿大变脆，胆囊充盈。

根据临床症状和剖检病变，结合施用农药的情况可以诊断。

【技术操作要点】

2. 防治

（1）严禁在施用过农药的农田附近及污染的沟塘里放牧和饮水，注意选用高效低毒农药作杀虫剂。

（2）肌注硫酸阿托品。

下篇

藏鸡经营管理模式

模块一　家庭农牧场

【重点理论】

一般的家庭农牧场认定标准是以家庭成员为主要劳动力，从事农业规模化、集约化、商品化生产经营，并以农牧业收入为家庭主要收入来源的新型农牧业经营主体。发展家庭农牧场是提高农业集约化经营水平的重要途径。

【技术操作要点】

一、申请办理家庭农牧场注册登记流程

（1）申请人农业身份证明（户口本及本页证明）。

（2）设立家庭农牧场登记申请书。

（3）经营规模相对稳定，土地相对集中连片。土地租期或承包期应在5年以上，土地经营规模达到当地农业部门规定的种植、养殖要求。有《农村土地承包经营权证》《林权证》《农村土地承包经营权流转合同》等经营土地、林地的证明。

（4）选择经济组织模式：个体工商户、个人独资企业、合伙企业、公司等其他组织形式。

（5）到所在地工商行政管理局负责登记。

二、家庭农牧场的注册资产说明

家庭农场申请人可以以货币、实物、土地承包经营权、知识产权、股权、技术等多种形式、方式出资。申请人根据生产规模和经营需要可以选择申请设立为个体工商户、个人独资企业、合伙企业和有限责任公司。

注册类型要注意，如果注册个体工商户，则对注册资本没有门槛要求，不需要验资，但个体工商户承担的是无限责任。就是说，一旦发生经营危机，家庭财产有可能抵偿债务。而有限责任公司则要验资，以注资额为限，承担有限责任，家庭财产不受牵连。

三、家庭农场贷款说明

2013 年中央一号文件将从事规模经营的专业大户和家庭农场明确为新型农村经营主体的重要组成部分，中国农业银行出台了《中国农业银行专业大户（家庭农场）贷款管理办法（试行）》，规定单户专业大户和家庭农场贷款额度提升到1 000万元。

根据客户经营现金流的特点设定了更加科学灵活、符合实际的贷款约期和还款方式，贷款期限最长可达 5 年；针对农村地区担保难的问题，《办法》创新了农机具抵押、农副产品抵押、林权抵押、农村新型产权抵押、“公司+农户”担保、专业合作社担保等担保方式，还允许对符合条件的客户发放信用贷款。

按照规定，借款人必须是有本地户口的家庭农场经营户、家庭农场经营状况良好、无不良信用记录和拖欠他人资金的情况。

具体包括：借款人种养历史经验和专业经营能力、应对市场价格波动能力、承包经营农地的合法性和稳定性、家庭稳定性、财务状况、个人品行以及新型担保方式的合法合规性、价值稳定性、处置变现的难易程度等。

模块二 农民专业合作社管理

【重点理论】

我国《中华人民共和国农民专业合作社法》第一章总则第二条对农民专业合作社进行了简要的定义，包括两个方面的内容：一是在农村家庭承包经营基础上，同类农产品的生产经营者或者同类农业生产经营服务的提供者、利用者，自愿联合、民主管理的互助性经济组织。二是农民专业合作社以其成员为主要服务对象，提供农业生产资料的购买，农产品的销售、加工、运输、贮藏以及与农业生产经营有关的技术、信息直至网上交易等服务。

【技术操作要点】

一、成立条件

(1) 有五名以上符合规定的成员，即具有民事行为能力的公民，以及从事与农民专业合作社业务直接有关的生产经营活动的企业、事业单位或者社会团体，能够利用农民专业合作社提供的服务，承认并遵守农民专业合作社章程，履行章程规定的入社手续的，可以成为农民专业合作社的成员。但是，具有管理公共事务职能的单位不得加入农民专业合作社。

（2）农民专业合作社的成员中，农民至少应当占成员总数的百分之八十。

（3）成员总数二十人以下的，可以有一个企业、事业单位或者社会团体成员；成员总数超过二十人的，企业、事业单位和社会团体成员不得超过成员总数的百分之五。

二、设立程序

（1）发起筹备；

（2）制定合作社章程；

（3）推荐理事会、监事会候选人名单；

（4）召开全体设立人大会；

（5）组建工作机制；

（6）登记、注册。

三、遵循原则

（1）成员以农民为主体；

（2）以服务成员为宗旨，谋求全体成员的共同利益；

（3）入社自愿、退社自由；

（4）成员地位平等，实行民主管理；

(5) 盈余主要按照成员与农民专业合作社的交易量（额）比例返还。

四、章程内容

(1) 名称和住所；

(2) 业务范围；

(3) 成员资格及入社、退社和除名；

(4) 成员的权利和义务；

(5) 组织机构及其产生办法、职权、任期、议事规则；

(6) 成员的出资方式、出资额；

(7) 财务管理和盈余分配、亏损处理；

(8) 章程修改程序；

(9) 解散事由和清算办法；

(10) 公告事项及发布方式；

(11) 需要规定的其他事项。

五、申请设立登记

(1) 登记申请书；

(2) 全体设立人签名、盖章的设立大会纪要；

(3) 全体设立人签名、盖章的章程；

(4) 法定代表人、理事的任职文件及身份证明；

(5) 出资成员签名、盖章的出资清单；

(6) 住所使用证明；

（7）法律、行政法规规定的其他文件。

登记机关应当自受理登记申请之日起二十日内办理完毕，向符合登记条件的申请者颁发营业执照。

农民专业合作社法定登记事项变更的，应当申请变更登记。

农民专业合作社登记办法由国务院规定。办理登记不得收取费用。

六、权利

（1）参加成员大会，并享有表决权、选举权和被选举权，按照章程规定对本社实行民主管理。

（2）参加成员大会。这是成员的一项基本权利。成员大会是农民专业合作社的权力机构，由全体成员组成。农民专业合作社的每个成员都有权参加成员大会，决定合作社的重大问题，任何人不得限制或剥夺。

（3）行使表决权，实行民主管理。农民专业合作社是全体成员的合作社，成员大会是成员行使权利的机构。作为成员，有权通过出席成员大会并行使表决权，参加对农民专业合作社重大事项的决议。

（4）享有选举权和被选举权。理事长、理事、执行监事或者监事会成员，由成员大会从本社成员中选举产生，依照《农民专业合作社法》和章程的规定行使职权，对成员大会负责。所有成员都有权选举理事长、理事、执行监事或者监事会成员，也都有资格被选举为理事长、理事、执行监事或者

监事会成员，但是法律另有规定的除外。在设有成员代表大会的合作社中，成员还有权选举成员代表，并享有成为成员代表的被选举权。

（5）利用本社提供的服务和生产经营设施。农民专业合作社以服务成员为宗旨，谋求全体成员的共同利益。作为农民专业合作社的成员，有权利用本社提供的服务和本社置备的生产经营设施。

（6）按照章程规定或者成员大会决议分享盈余。农民专业合作社获得的盈余依赖于成员产品的集合和成员对合作社的利用，本质上属于全体成员。可以说，成员的参与热情和参与效果直接决定了合作社的效益情况。因此，法律保护成员参与盈余分配的权利，成员有权按照章程规定或成员大会决议分享盈余。

（7）查阅本社的章程、成员名册、成员大会或者成员代表大会记录、理事会会议决议、监事会会议决议、财务会计报告和会计账簿。成员是农民专业合作社的所有者，对农民专业合作社事务享有知情权，有权查阅相关资料，特别是了解农民专亚合作社经营状况和财务状况，以便监督农民专业合作社的运营。

（8）章程规定的其他权利。上述规定是《农民专业合作社法》规定成员享有的权利，徐此之外，章程在同《农民专业合作社法》不抵触的情况下，还可以结合本社的实际情况规定成员享有的其他权利。

七、义务

根据《农民专业合作社法》第十八条的规定，农民专业合作社的成员应当履行以下义务。

（1）执行成员大会、成员代表大会和理事会的决议。成员大会和成员代表大会的决议，体现了全体成员的共同意志，成员应当严格遵守并执行。

（2）按照章程规定向本社出资。明确成员的出资通常具有两个方面的意义：

一是以成员出资作为组织从事经营活动的主要资金来源。二是明确组织对外承担债务责任的信用担保基础。成员加入合作社时是否出资以及出资方式、出资额、出资期限，都需要由农民专业合作社通过章程自己决定。

（3）按照章程规定与本社进行交易。农民加入合作社是要解决在独立的生产经营中个人无力解决、解决不好、或个人解决不合算的问题，是要利用和使用合作社所提供的服务。成员按照章程规定与本社进行交易既是成立合作社的目的，也是成员的一项义务。成员与合作社的交易，可能是交售农产品，也可能是购买生产资料，还可能是有偿利用合作社提供的技术、信息、运输等服务。成员与合作社的交易情况，按照《农民专业合作社法》第三十六条的规定，应当记载在该成员的账户中。

（4）按照章程规定承担亏损。由于市场风险和自然风险的存在，农民专业合作社的生产经营可能会出现波动，有的

年度有盈余，有的年度可能会出现亏损。合作社有盈余时分享盈余是成员的法定权利，合作社亏损时承担亏损也是成员的法定义务。

（5）章程规定的其他义务。成员除应当履行上述法定义务外，还应当履行章程结合本社实际情况规定的其他义务。

八、注册农村专业合作社步骤

第一步：工商行政管理局登记

需要提交的材料有：

（1）设立登记申请书。

（2）全体设立人（最少5个人，80%是农业户口）签名、盖章的设立大会纪要。

（3）全体设立人签名、盖章的章程。

（4）法定代表人、理事的任职文件和身份证明。

（5）全体出资成员签名、盖章予以确认的出资清单。

（6）法定代表人签署的成员名册和成员身份证明复印件。

（7）住所使用证明。

（8）指定代表或者委托代理人的证明。

（9）合作社名称预先核准申请书。

（10）业务范围涉及前置许可的文件，不收任何费用。

第二步：公安局定制刻章

需要提交的材料：

（1）合作社法人营业执照复印件。

（2）法人代表身份证复印件。

（3）经办人身份证复印件。

第三步：质监局办理组织机构代码证

需要提交的材料：

（1）合作社法人营业执照副本原件及复印件一份。

（2）合作社法人代表及经办人身份证原件及复印件一份。

（3）如受他人委托代办的，须持有委托单位出具的代办委托书面证明。

第四步：税务局申领税务登记证

需要提交的材料：

（1）法人营业执照副本及复印件。

（2）组织机构统一代码证书副本及复印件。

（3）法定代表人（负责人）居民身份证或者其他证明身份的合法证件复印件。

（4）经营场所房产证书复印件。

（5）成立章程或协议书复印件。

第五步：办理银行开户和账号

需要提交的材料：

（1）法人营业执照正、副本及其复印件。

（2）组织机构代码证书正、副本及其复印件。

（3）农民专业合作社法定代表人的身份证及其复印件。

（4）经办人员身份证明原件、相关授权文件。

（5）合作社公章和财务专用章及其法人代表名章。不收费。

第六步：当地农经主管部门备案

需要提交的材料：

（1）法人营业执照复印件。

（2）组织机构代码证书复印件。

（3）农民专业合作社法定代表人的身份证复印件。

从2015年起，合作社按国务院要求，各地全面实施工商营业执照、组织机构代码证、税务登记证“三证合一”登记制度改革。“五证合一”是在此基础上，再整合社会保险登记证和统计登记证。

模块三　电商营销

【重点理论】

一、概念

电子商务的基本定义是指在全球各地广泛的商业贸易活动中，在因特网开放的网络环境下，基于浏览器/服务器应用方式，买卖双方不谋面地进行各种商贸活动，实现消费者的网上购物、商户之间的网上交易和在线电子支付以及各种商务活动和相关的综合服务活动的一种新型的商业运营模式。电子商务营销是网上营销的一种，是借助于因特网完成一系列营销环节，达到营销目标的过程。

因特网上的电子商务可以分为三个方面：信息服务、交易和支付。参与电子商务的实体有四类：顾客（个人消费者或企业集团）、商户（包括销售商、制造商、储运商）、银行（包括发卡行、收单行）及认证中心。

【技术操作要点】

二、藏鸡产品的电商营销模式

1. 利用电子商务平台发布藏鸡产品信息

利用电子商务平台发布商品信息，有两种渠道，一是藏鸡养殖户自己投资聘请网络人员搭建网络平台，包括申请网站、制作网页、发布网页、网站维护等工作，成本很高，对于小微养殖企业是不可取的；二是借助政府农产品电子商务平台或民营电子商务平台，免费或有偿发布藏鸡产品信息，成本很低，有利于小微养殖企业的运行和发展。下面以借助政府农产品电子商务平台为例，说明操作要领。

(1) 搜索农产品电子商务平台。

利用百度搜索引擎，检索“农产品电子商务平台”，一般来讲，应该搜索本地区具有较强影响力的电子商务平台，见到如下窗口：

（2）确定农产品电子商务平台。

在众多的农产品电子商务平台中选择一家合适的农产品电子商务平台，本案例选择“青农网”。

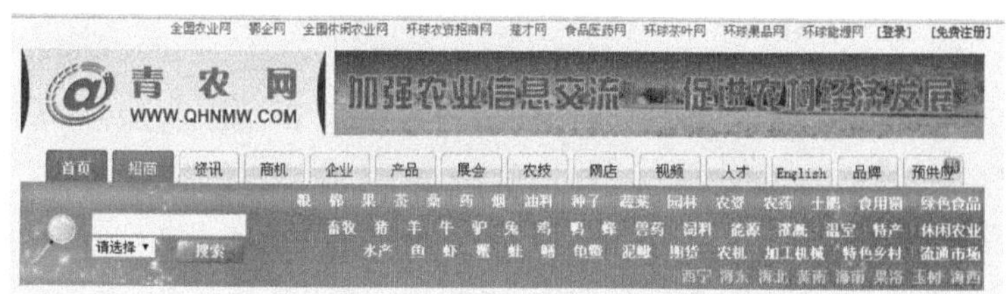

（3）发布藏鸡产品信息。

选定农产品电子商务平台后，发布藏鸡产品。为了与客户建立可靠的联系方式，需要养殖户在农产品电子商务平台提供一定的个人信息，进行农产品电子商务平台用户注册。

①为节约企业成本，一般选择“免费注册”。在网页中填写养殖户基本信息。

②注册成功后，输入用户名和密码登录。

用户注册

注册类型

请选择您要注册的类型 企业 社团 个人

安全资料

用户名：

密码：

密码强度： 无评级

确认密码：

基本信息（带*为必填）

企业类别： 选择类别 选择小类别 *

公司名称： *

企业认证： 绿色食品 无公害产品 有机食品 地标产品 土特产 保健食品

主营产品：

公司介绍：

联系方式（带*为必填）

所在区域： ==省份== 请选择你所在的区域。

联系地址： * 请填写联系地址。

联系人姓名： * 请填写联系人名称。

联系电话： * 请填写联系电话。

联系手机：

联系QQ： 多个QQ请以“/”分开

EMAIL： * 邮箱用于找回密码，请填写.

网址：

邮编：

传真：

验证信息

请填入今天的日期： 当前日期为：07月10日（例如如果今天是08月01日就填“01”．请将正确答案输入到左边文本框中）

请输入右边的验证码： 点击显示验证码图片

注 册　重 填

当用户单击“注册”按钮成功注册后，需要以会员身份登录网站，然后发布藏鸡产品信息。

您目前进行的操作，需“登录”后才能继续……

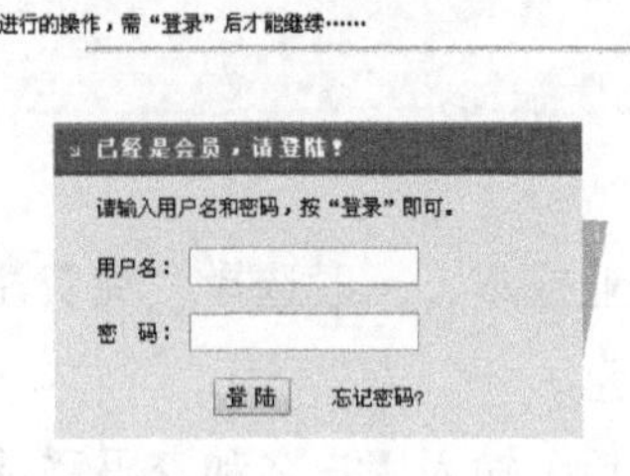

③选择“发布商机”，发布藏鸡产品信息。

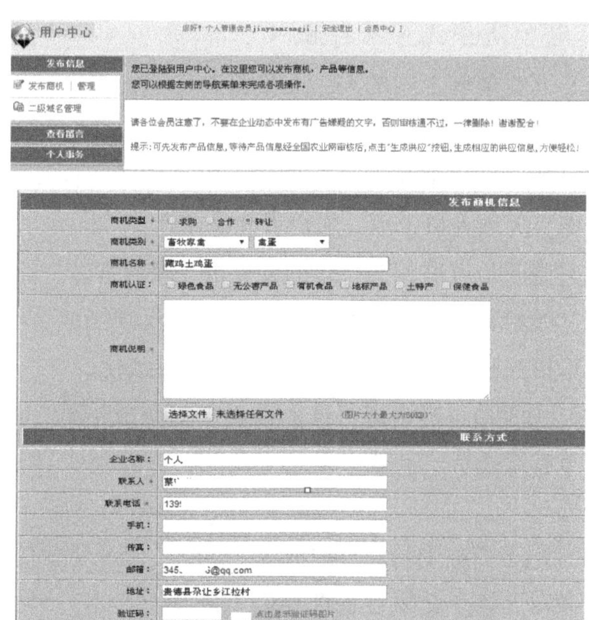

2. 利用电子商务平台销售藏鸡产品

（1）查看网站求购留言。当养殖户在农产品电子商务平台成功发布产品信息后，求购客户会在网页上留言，表明求购意向，留下联系方式等，等待洽谈。

（2）及时更新藏鸡产品信息。间隔一段时间，养殖户要在农产品电子商务平台上重新填报一次产品信息，包括增加产品种类或价格变动等，以保持网页上的刷新，提高所发布信息的可靠性。

3. 电子商务优势及特点

(1) 凡是能够上网的人，无论是在哪里，都会被包容在一个市场中，有可能成为上网企业的客户。

(2) 电子商务能在世界各地瞬间完成传递与计算机自动处理，而且无须人员干预，加快了交易速度。

(3) 通过以互联网为代表的计算机互联网络进行的贸易，双方从开始洽谈、签约到订货、支付等，无须当面进行，均通过计算机互联网络完成，整个交易完全虚拟化。

(4) 由于通过网络进行商务活动，信息成本低，足不出户，可节省交通费，且减少了中介费用，因此整个活动成本大大降低。

(5) 电子商务中的双方的洽谈、签约，以及货款的支付、交货的通知等整个交易过程都在电子屏幕上显示，因此显得比较透明。

对于一个处于流通领域的商贸企业来说，由于它没有生产环节，电子商务活动几乎覆盖了整个企业的经营管理活动，是利用电子商务最多的企业。通过电子商务，商贸企业可以更及时、准确地获取消费者信息，从而准确定货、减少库存，并通过网络促进销售，以提高效率、降低成本，获取更大的利益。

附录一　藏鸡生态牧放养殖技术标准(试行)

本标准规定了藏鸡牧放养殖的术语和定义、鸡场建设、人员要求、引种、饲养管理、防疫检疫、追溯、出栏和运输。

1　本标准适用于藏鸡生态牧放养殖饲养管理技术

2　规范性引用文件

下列标准对于本规程的应用是必须的。

GB 3095 环境空气质量标准

GB 16548 病害动物和病害动物产品生物安全处理规程

GB 16549 畜禽产地检疫规范

GB/T 18407.3 农产品安全质量 无公害畜禽肉产地环境要求

NY/T 388 畜禽场环境质量标准

NY 5027 无公害食品 畜禽饮用水水质

NY 5030 无公害食品 畜禽饲养兽药使用准则

NY 5032 无公害食品 畜禽饲料和饲料添加剂使用准则

NY/T 5339 无公害食品 畜禽饲养兽医防疫准则

3　术语和定义

下列术语和定义适用于本标准。

3.1　生态牧放养殖

将育雏结束后的育成藏鸡，白天牧放散养在经隔离的林

地、荒坡灌丛、经济果园等生态自然环境中，任其自由觅食，营养不足部分给予人工补食，晚归鸡舍的养殖方式。

3.2　牧放场地

经隔离的林地、荒坡灌丛、经济果园、草场等适宜饲养鸡群的天然场所。

3.3　全进全出

同一藏鸡场（或同一鸡舍）同一段时间内饲养的同一批次的放养鸡，同时进场、同时出场牧放的管理制度。

3.4　育雏日龄

从雏鸡孵化出壳开始到育雏结束所经历的天数。

3.5　放养日龄

从开始放养第一天起到成品鸡出栏所经历的天数。

3.6　生长日龄

从鸡出壳到出栏所经历的全部天数。

4　藏鸡场建设

4.1　鸡场选址

4.1.1　藏鸡场应选择地势较高、干燥、背风向阳、环境安静、水源充足卫生、排水和供电方便、距离干线公路、村镇居民集中居住点至少 1km、周围 3km 内无污染源的林带、果园、草场、荒山坡等地方，其中放养场地还应有放养鸡可食的野生饲料资源如可食用野草、昆虫等。

4.1.2　藏鸡场周围环境卫生质量应符合 GB/T 18407.3 和 NY/T 388 的规定，大气质量应符合 GB 3095 的规定，饮用水应符合 NY 5027 的规定。

4.2 藏鸡场布局

4.2.1　鸡场应设生活管理区、生产区和无害化处理区，生活管理区应与生产区、无害化处理区有明显的界限分离且有明确标识。

4.2.2　生活管理区应位于鸡场主导风向的上风位或侧风位的地势较高处，主要包括办公室和生活用房。

4.2.3　生产区应位于生活管理区的下风位，主要包括育雏区和放养区，依次建有饲料库、蛋库、雏鸡舍和放养鸡舍、消毒室、隔离舍、兽医室。

4.2.4　无害化处理区应位于生产区的下风位或侧风位的地势较低处，距离生产区 50m 以上。

4.3　藏鸡场设施

4.3.1　鸡舍应建造在地势较高处，能防雨、遮阳、避风、保暖。鸡舍能够保证放养鸡正常出入鸡舍。

4.3.2　放养区应设置有分隔网栏及固定喂料槽、饮水器等补充喂养设施。

4.3.3　放养区入口处应设置相应的消毒设施。

4.3.4　无害化处理区应设置粪污无公害处理设施。

4.3.5　应在鸡场放养区内配备有效的监控设施设备。

5　人员要求

5.1　养殖人员应经体检，取得健康合格证后方可上岗。

5.2　应对养殖人员进行上岗前的饲养技术、操作规程和安全卫生知识培训。

5.3　养殖人员不得将非本鸡场的生鲜禽肉、蛋及其产品带入鸡场放养区内，不得在放养区内饲养其他家禽、家畜等

动物，在需要时可在放养区内饲养 2~3 只经检疫合格的家犬。

5.4　养殖和防疫人员进入鸡场生产区时应更换工作服和鞋帽。

5.5　防疫人员和兽医不得在鸡场内对外诊疗家禽。

6　引种

6.1　选择适应性广、抗病能力强、觅食能力强、抗逆性强及适宜放养的藏鸡品种。

6.2　种蛋、雏鸡应从有《种畜禽生产经营许可证》和《动物防疫合格证》的种鸡场和孵化场引入。同一群放养鸡应来自于非疫区的同一种鸡场或育雏场，经过产地检疫，持有有效检疫合格证明，符合 GB 16549 的要求。

6.3　同一鸡舍的所有雏鸡应来源于同一种鸡场相同批次的雏鸡。

6.4　运输工具运输前应经过彻底清洗和消毒。

7　饲养管理

7.1　饲料

雏鸡饲料质量应符合相应的国家、行业标准或经备案有效的企业标准的规定，使用应符合 NY 5032 的规定；放养期间补食用的玉米、谷物、小麦、豆类等应符合相应的国家、行业标准或相关规定。

饲料应在阴凉干燥处贮存。

7.2　育雏阶段

7.2.1　自育雏期为 1~45 日龄，雏鸡出壳后宜在 24h 内进行“初饮”，应配置温度在 18~20℃ 的 5%葡萄糖水或电解多维，水量控制在2h饮完为宜，并确保所有雏鸡都饮到水。

7.2.2　雏鸡一般在“初饮”2~3h后或待80%以上雏鸡有强烈采食欲时进行“开食”。可用无毒并塑料布或浅料不锈钢盘放料，采食点要多，少量多次，以保证所有雏鸡能同时吃到开口料。

7.2.3　购进雏鸡前应对育雏舍、舍内器具及运输工具进行消毒。

7.2.4　一般宜采用地面平养、网上平养，地面平养应选择干燥、无霉变、保暖的垫料。

7.2.5　雏鸡应在通风换气和保证温度的舍内进行饲养，舍内空气质量应符合NY/T 388的规定。

7.2.6　雏鸡喂养饲料应选择符合雏鸡生长发育所需的料型。

7.2.7　雏鸡饲养密度按表1的规定。

表1　雏鸡饲养密度

育雏日龄（天）	1~10	11~20	21~40	>41
饲养密度（只/m^2）	50~65	35~55	25~35	12

7.2.8　雏鸡的生长周龄与温度、相对湿度、光照时间等环境要求按表2的规定。

表2　雏鸡生长周龄与环境要求

周龄（周）	0~1	1~2	2~3	3~4	4~5
温度（℃）	33~32	32~30	30~26	26~22	每周降1~2至常温

（续表）

周龄（周）	0~1	1~2	2~3	3~4	4~5
相对湿度（%）	70~65	65~63	63~62	62~60	60~58
光照（Lx/小时）	10~25/24	5/16~19	逐步过渡到自然光		

7.3　放养阶段

7.3.1　雏鸡育成后转入放养区，根据放养区规模和植被状况，实行分区轮流放养。每区放养鸡的数量不宜超过 1 200 只；公、母鸡应分开放养，每 667 平方米不超过 85 只。

7.3.2　雏鸡育成后在放养前应佩戴追溯用脚环。

7.3.3　雏鸡进入放养区后用雏鸡料过渡 1 周，同时让其在放养区内自由采食虫、草及草籽等自然食料，不足部分用玉米、谷物、小麦、豆类等直接饲喂或用几种原粮混合饲喂。

7.3.4　放养区不得使用可导致鸡群中毒或体内残留农药等有害物质，并应防止气候变化及动物侵害对鸡群的影响。

7.3.5　肉用鸡的放养日龄应不低于 80 天，蛋鸡的放养日龄应不低于 360 天。

8　防疫检疫

8.1　消毒

8.1.1　应选择高效低毒、对人和家禽危害小、不对环境造成污染、不易在肉蛋等产品中残留的三种及以上消毒剂交替使用，并严格按说明书配制，禁止滥用。

8.1.2　适时清除放养区内的鸡粪和垫料等杂物，应定期对鸡场消毒，并定期更换消毒池内的消毒液。鸡群出栏及鸡群发病时应及时消毒。

8.1.3　人员进入生产区应洗手、脚踏消毒池进行消毒。工作服、鞋靴应定期消毒。

8.2　防疫

8.2.1　防疫管理应符合 NY/T 5339 的规定。

8.2.2　实施全进全出的饲养制度，鸡群出栏后对鸡舍彻底清理、消毒，并空舍 10 天以上。严禁已出场的放养鸡返回饲养。

8.2.3　在饲养期间，鸡场应配合当地动物防疫监督机构做好马立克、新城疫、新传支、禽流感等动物疫病的日常监测工作。发生重大疫情或疑似重大疫情时应及时向当地兽医主管部门、动物防疫监督机构报告。发生人畜共患病时，应服从卫生行政管理部门实行的防治措施。

8.2.4　宜采用中草药对放养鸡进行病害防疫。

8.3　免疫

8.3.1　疫苗应符合相应的国家生物制品质量标准，不得使用已经过期的、来源不明的、非法生产不能认定或者保存不当的疫苗。

8.3.2　疫苗在运输过程中应有冷藏箱或保温瓶，严防日光曝晒；贮存时应分类保存，避免混淆。

8.3.3　应按使用说明书使用疫苗，已稀释的疫苗应在规定时间内用完。

8.3.4　鸡场应根据《中华人民共和国动物防疫法》及其相应法规的要求，配合当地动物防疫监督机构实施强制免疫，并结合当地实际情况进行疫病的预防接种。预防接种时应选择适宜的疫苗，制定合理的免疫程序和免疫方法，填写免疫

登记。

8.4 兽药使用

8.4.1 预防、治疗和诊断疾病所用的兽药应符合 NY 5030 的规定，禁止使用未经批准的、已经淘汰的或禁用的兽药，不得使用人用药。

8.4.2 兽药使用遵循兽医处方药制度，用药时应严格遵守给药途径、使用剂量、疗程和休药期等规定。

8.5 疫病处理

8.5.1 发生一类动物疫病时，应及时做好鸡场的隔离、消毒等工作，服从所在地区管理部门依法采取的隔离、扑杀、销毁、消毒、紧急免疫接种、封锁及其他限制性措施。

8.5.2 病死鸡按 GB 16548 的规定进行无害化处理。

8.6 检疫

放养鸡出栏前应按 GB 16549 进行产地检疫，检疫合格方可出栏。

9 追溯

9.1 鸡场应对每批放养鸡的饲养情况进行记录，建立可追溯体系。

9.2 建立放养鸡的饲养档案，包括引种、免疫、疾病诊疗、饲料兽药使用、粪便处理、病死鸡无害化处理、销售等记录，所有记录应在清群后保存两年以上。

10 出栏

每批放养鸡应按国家相关要求进行检验，并取得检验合格证明后方可出栏。

11　标识

每只放养鸡出栏时应标识以下内容：鸡的品种名称、放养日龄、养殖单位名称、养殖场地址及联系方式等。放养日龄应按表3进行标识。

表3　放养日龄标识

类别	肉用鸡			蛋鸡
放养日龄（天）	80~100	100~120	≥120	≥360
标示方式	放养80天	放养100天	放养120天	放养360天

12　运输

12.1　放养鸡出栏前应禁食4h，抓鸡、装笼、搬运、装卸过程动作要轻，以防挤压和碰伤。

12.2　运输工具在运输前应清洁、消毒。

附录二 畜禽养殖业污染物排放标准(GB 18596—2001)

前　言

为贯彻《环境保护法》《水污染防治法》《大气污染防治法》，控制畜禽养殖业产生的废水、废渣和恶臭对环境的污染，促进养殖业生产工艺和技术进步，维护生态平衡，制定本标准。

本标准适用于集约化、规模化的畜禽养殖场和养殖区，不适用于畜禽散养户。根据养殖规模，分阶段逐步控制，鼓励种养结合和生态养殖，逐步实现全国养殖业的合理布局。

根据畜禽养殖业污染物排放的特点，本标准规定的污染物控制项目包括生化指标、卫生学指标和感观指标等。为推动畜禽养殖业污染物的减量化、无害化和资源化，促进畜禽养殖业干清粪工艺的发展，减少水资源浪费，本标准规定了废渣无害化环境标准。

本标准为首次制定。

本标准由国家环境保护总局科技标准司提出。

本标准由农业部环境保护科研监测所、天津市畜牧局、上海市畜牧办公室、上海市农业科学院环境科学研究所负责起草。

本标准由国家环境保护总局2001年11月26日批准

本标准由国家环境保护总局负责解释。

1　主题内容与适用范围

1.1　主题内容

本标准按集约化畜禽养殖业的不同规模分别规定了水污染物、恶臭气体的最高允许日均排放浓度、最高允许排水量，畜禽养殖业废渣无害化环境标准。

1.2　适用范围

本标准适用于全国集约化畜禽养殖场和养殖区污染物的排放管理，以及这些建设项目环境影响评价、环境保护设施设计、竣工验收及其投产后的排放管理。

1.2.1　本标准适用的畜禽养殖场和养殖区的规模分级，按表 1 和表 2 执行。

表 1　集约化畜禽养殖场的适用规模（以存栏数计）

类别 / 规模分级	猪（头）（25kg 以上）	鸡（只）		牛（头）	
		蛋鸡	肉鸡	成年奶牛	肉牛
Ⅰ级	≥3 000	≥100 000	≥200 000	≥200	≥400
Ⅱ级	500≤Q<3 000	15 000≤Q<100 000	30 000≤Q<200 000	100≤Q<200	200≤Q<400

表 2　集约化畜禽养殖区的适用规模（以存栏数计）

类别 / 规模分级	猪（头）（25kg 以上）	鸡（只）		牛（头）	
		蛋鸡	肉鸡	成年奶牛	肉牛
Ⅰ级	≥6 000	≥200 000	≥400 000	≥400	≥800
Ⅱ级	3 000≤Q<6 000	100 000≤Q<200 000	200 000≤Q<400 000	200≤Q<400	400≤Q<800

注：Q 表示养殖量。

1.2.2　对具有不同畜禽种类的养殖场和养殖区，其规模

可将鸡、牛的养殖量换算成猪的养殖量，换算比例为：30只蛋鸡折算成1头猪，60只肉鸡折算成1头猪，1头奶牛折算成10头猪，1头肉牛折算成5头猪。

1.2.3　所有I级规模范围内的集约化畜禽养殖场和养殖区，以及II级规模范围内且地处国家环境保护重点城市、重点流域和污染严重河网地区的集约化畜禽养殖场和养殖区，自本标准实施之日起开始执行。

1.2.4　其他地区II级规模范围内的集约化养殖场和养殖区，实施标准的具体时间可由县级以上人民政府环境保护行政主管部门确定，但不得迟于2004年7月1日。

1.2.5　对集约化养羊场和养羊区，将羊的养殖量换算成猪的养殖量，换算比例为：3只羊换算成1头猪，根据换算后的养殖量确定养羊场或养羊区的规模级别，并参照本标准的规定执行。

2　定义

2.1　集约化畜禽养殖场

指进行集约化经营的畜禽养殖场。集约化养殖是指在较小的场地内，投入较多的生产资料和劳动，采用新的工艺与技术措施，进行精心管理的饲养方式。

2.2　集约化畜禽养殖区

指距居民区一定距离，经过行政区划确定的多个畜禽养殖个体生产集中的区域。

2.3　废渣

指养殖场外排的畜禽粪便、畜禽舍垫料、废饲料及散落的毛羽等固体废物。

2.4　恶臭污染物

指一切刺激嗅觉器官，引起人们不愉快及损害生活环境的气体物质。

2.5　臭气浓度

指恶臭气体（包括异味）用无臭空气进行稀释，稀释到刚好无臭时所需的稀释倍数。

2.6　最高允许排水量

指在畜禽养殖过程中直接用于生产的水的最高允许排放量。

3　技术内容

本标准按水污染物、废渣和恶臭气体的排放分为以下三部分。

3.1　畜禽养殖业水污染物排放标准

3.1.1　畜禽养殖业废水不得排入敏感水域和有特殊功能的水域。排放去向应符合国家和地方的有关规定。

3.1.2　标准适用规模范围内的畜禽养殖业的水污染物排放分别执行表3、表4和表5的规定。

表3　集约化畜禽养殖业水冲工艺最高允许排水量

种类	猪（m^3/百头·天）		鸡（m^3/千只·天）		牛（m^3/百头·天）	
季节	冬季	夏季	冬季	夏季	冬季	夏季
标准值	2.5	3.5	0.8	1.2	20	30

注：废水最高允许排放量的单位中，百头、千只均指存栏数。春、秋季废水最高允许排放量按冬、夏两季的平均值计算。

表4　集约化畜禽养殖业干清粪工艺最高允许排水量

种类	猪（m^3/百头·天）		鸡（m^3/千只·天）		牛（m^3/百头·天）	
季节	冬季	夏季	冬季	夏季	冬季	夏季
标准值	1.2	1.8	0.5	0.7	17	20

注：废水最高允许排放量的单位中，百头、千只均指存栏数。春、秋季废水最高允许排放量按冬、夏两季的平均值计算。

表5　集约化畜禽养殖业水污染物最高允许日均排放浓度

控制项目	五日生化需氧量（mg/l）	化学需氧量（mg/l）	悬浮物（mg/l）	氨氮（mg/l）	总磷（以P计）（mg/l）	粪大肠菌群数（个/ml）	蛔虫卵（个/l）
标准值	150	400	200	80	8	10 000	2

3.2　畜禽养殖业废渣无害化环境标准

3.2.1　畜禽养殖业必须设置废渣的固定储存设施和场所，储存场所要有防止粪液渗漏、溢流措施。

3.2.2　用于直接还田的畜禽粪便，必须进行无害化处理。

3.2.3　禁止直接将废渣倾倒入地表水体或其他环境中。畜禽粪便还田时，不能超过当地的最大农田负荷量，避免造成面源污染和地下水污染。

3.2.4　经无害化处理后的废渣，应符合表6的规定。

表6　畜禽养殖业废渣无害化环境标准

控制项目	指标
蛔虫卵	死亡率≥95%
粪大肠菌群数	≤10^5个/kg

3.3 畜禽养殖业恶臭污染物排放标准

集约化畜禽养殖业恶臭污染物的排放执行表 7 的规定。

表 7 集约化畜禽养殖业恶臭污染物排放标准

控制项目	标准值
臭气浓度（无量纲）	70

3.4 畜禽养殖业应积极通过废水和粪便的还田或其他措施对所排放的污染物进行综合利用，实现污染物的资源化。

4 监测

污染物项目监测的采样点和采样频率应符合国家环境监测技术规范的要求。污染物项目的监测方法按表 8 执行。

表 8 畜禽养殖业污染物排放配套监测方法

序号	项目	监测方法	方法来源
1	生化需氧（BOD_5）	稀释与接种法	GB 7488—87
2	化学需氧（COD_{cr}）	重铬酸钾法	GB 11914—89
3	悬浮物（SS）	重量法	GB 11901—89
4	氨氮（NH_3-N）	钠氏试剂比色法	GB 7479—87
		水杨酸分光光度法	GB 7481—87
5	总 P（以 P 计）	钼蓝比色法	1）
6	粪大肠菌群数	多管发酵法	GB 5750—85
7	蛔虫卵	吐温-80 柠檬酸缓冲液离心沉淀集卵法	2）
8	蛔虫卵死亡率	堆肥蛔虫卵检查法	GB 7959—87
9	寄生虫卵沉降率	粪稀蛔虫卵检查法	GB 7959—87

（续表）

序号	项目	监测方法	方法来源
10	臭气浓度	三点式比较臭袋法	GB 14675

注：分析方法中，未列出国标的暂时采用下列方法，待国家标准方法颁布后执行国家标准。

1）水和废水监测分析方法（第三版），中国环境科学出版社，1989。

2）卫生防疫检验，上海科学技术出版社，1964。

5 标准的实施

5.1 本标准由县级以上人民政府环境保护行政主管部门实施统一监督管理。

5.2 省、自治区、直辖市人民政府可根据地方环境和经济发展的需要，确定严于本标准的集约化畜禽养殖业适用规模，或制定更为严格的地方畜禽养殖业污染物排放标准，并报国务院环境保护行政主管部门备案。

附录三 农业农村部规定的禁用兽药目录

一、食品动物禁用的兽药

1. 禁用于所有食品动物的兽药（11 类）

（1）兴奋剂类：克仑特罗、沙丁胺醇、西马特罗及其盐、酯及制剂；

（2）性激素类：己烯雌酚及其盐、酯及制剂；

（3）具有雌激素样作用的物质：玉米赤霉醇、去甲雄三烯醇酮、醋酸甲孕酮及制剂；

（4）氯霉素及其盐、酯（包括：琥珀氯霉素）及制剂；

（5）氨苯砜及制剂；

（6）硝基呋喃类：呋喃西林和呋喃妥因及其盐、酯及制剂；呋喃唑酮、呋喃它酮、呋喃苯烯酸钠及制剂；

（7）硝基化合物：硝基酚钠、硝呋烯腙及制剂；

（8）催眠、镇静类：安眠酮及制剂；

（9）硝基咪唑类：替硝唑及其盐、酯及制剂；

（10）喹噁啉类：卡巴氧及其盐、酯及制剂；

（11）抗生素类：万古霉素及其盐、酯及制剂。

2. 禁用于所有食品动物、用作杀虫剂、清塘剂、抗菌或杀螺剂的兽药（9 类）

（1）林丹（丙体六六六）。

（2）毒杀芬（氯化烯）。

（3）呋喃丹（克百威）。

（4）杀虫脒（克死螨）。

（5）酒石酸锑钾。

（6）锥虫胂胺。

（7）孔雀石绿。

（8）五氯酚酸钠。

（9）各种汞制剂包括：氯化亚汞（甘汞）、硝酸亚汞、醋酸汞、吡啶基醋酸汞。

3. 禁用于所有食品动物用作促生长的兽药（3类）

（1）性激素类：甲基睾丸酮、丙酸睾酮、苯丙酸诺龙、苯甲酸雌二醇及其盐、酯及制剂。

（2）催眠、镇静类：氯丙嗪、地西泮（安定）及其盐、酯及其制剂。

（3）硝基咪唑类：甲硝唑、地美硝唑及其盐、酯及制剂。

4. 禁用于水生食品动物用作杀虫剂的兽药（1类）

双甲脒。

二、其他违禁药物和非法添加物

禁止在饲料和动物饮用水中使用的药物品种（5类40种）。

1. 肾上腺素受体激动剂

盐酸克仑特罗、沙丁胺醇、硫酸沙丁胺醇、莱克多巴胺、盐酸多巴胺、西巴特罗、硫酸特布他林。

2. 性激素

己烯雌酚、雌二醇、戊酸雌二醇、苯甲酸雌二醇、氯烯雌醚（Chlorotriansene）、炔诺醇、炔诺醚（Quinestml）、醋酸氯地孕酮、左炔诺孕酮、炔诺酮、绒毛膜促性腺激素（绒促性素）、促卵泡生长激素（尿促性素主要含卵泡刺激FSHT和黄体生成素LH）。

3. 蛋白同化激素

碘化酷蛋白、苯丙酸诺龙及苯丙酸诺龙注射液。

4. 精神药品

（盐酸）氯丙嗪、盐酸异丙嗪、安定（地西泮）、苯巴比妥、苯巴比妥钠、巴比妥、异戊巴比妥、异戊巴比妥钠、利血平、艾司唑仑、甲丙氨脂、咪达唑仑、硝西泮、奥沙西泮、匹莫林、三唑仑、唑吡旦、其他国家管制的精神药品。

5. 各种抗生素滤渣

该类物质是抗生素类产品生产过程中产生的工业三废，因含有微量抗生素成分，在饲料和饲养过程中使用后对动物有一定的促生长作用。但对养殖业的危害很大，一是容易引起耐药性，二是由于未做安全性试验，存在各种安全隐患。

参考文献

崔治中 . 2009. 鸡病［M］. 北京：中国农业出版社 .

李国江 . 2001. 动物普通病［M］. 北京：中国农业出版社.

吴存莲 . 2003. 养禽与禽病防治［M］. 北京：中国农业出版社 .

张子仪 . 2000. 中国饲料学［M］. 北京：中国农业出版社.